구조주의와 건축이론

글 임기택

주요 철학자 소개

PART I 구조주의의 주요관점과 형성배경

3001 구조주의의 출현과 구조주의 건축 / 15

3002 구조주의의 정의 / 17

3003 건축분야에서의 구조주의적 경향 / 22

3004 구조주의와 다른 사유체계와의 차이점 / 25

3005 구조주의 철학자의 사유 / 30

3006 후기 구조주의의 정의 / 48

PART II 건축 유형학과 과학적, 심리적 도시분석 및 표현

3007 건축 유형학의 정의 / 56

3008 꺵시와 듀랑의 유형학 / 57

3009 20세기 중반 이후 건축 유형학 이론 / 60

3010 건축 유형학은 구조주의적 사고인가 / 62

3011 유형학의 위험성과 극복과제 / 63

3012 무라토리학파의 도시분석 / 68

3013 알도 로시의 건축 유형학 / 69

3014 크리에 형제의 유형학적 접근방식 / 72

3015 크리스토퍼 알렉산더의 작업 / 78

3016 케빈 린치의 5가지 도시 이미지 구조 / 90

3017 알도 반 아이크의 건축작업 / 103

3018 헤르만 헤르츠버거의 건축작업 / 112

3019 이탈리아 신합리주의 / 124

3020 조지오 그라시의 작업 / 126

3021 알도 로시의 작업 / 134

3022 피터 아이젠만과 존 헤이덕의 구조주의적 언어(수사학적) 실험 / 138

PART Ⅲ 시사점과 건축적용 가능성

생각해보아야 할 점
3023 오늘날 건축 유형학은 유효한 건축적 학문분야인가? / 145
3024 구조주의적 사고의 폐해는? / 145
3025 건축에서 구조주의적 사고와 기술적 발전과 진보는 어떤 상관성이 있는가? / 146
3026 구조주의는 변증법적 사고관의 폐해에서 벗어날 수 있을까? / 147
3027 모더니즘은 구조주의인가? / 148
3028 구조주의의 문제점 인식과 극복방안 / 149
3029 건축계획 각론은 구조주의적인가? / 150

찾아보기
그림출처
참고문헌

인간의 이성을 중시한 사유와 비약적인 과학적 발전은 인류에게 혁명적 변화를 가져왔지만 실증주의적 사고관은 과학적 발전에 유리한 사유일 뿐 인간의 다양한 측면을 포함시킬 수 없는 사유였다. 그로 인한 이성의 폐해(제국주의, 양차 세계대전 등)는 실로 대단한 것이었다. 이성의 불완전함을 보완하기 위해 현상학의 사유가 등장했지만 주체와 객체의 이분법적 체계 자체는 계속적으로 유지한 상태에서 보완한 사유였기에 주체의 자의적 해석의 오류를 완전히 해결하는 것은 자체의 한계를 가질 수밖에 없었다. 현상학의 대가인 하이데거의 나치협력, 실존주의자들의 정치적 능력 부족(실무분야의 허약한 연대) 등은 현상학적 계보의 사유의 한계를 보여주는 것이라고 볼 수 있다.

구조주의적 사유는 양차 세계대전 이후 정신적 공황상태를 치유하기 위해 등장한 사유라고 볼 수 있다. 구조주의는 현상학적 사유와는 달리 이성의 폐해를 보완할 수 있는 사유를 추구함에 있어서 인간 공통의 근본구조를 찾는 것에 중점을 두었다. 이성적인 영역의 실증과학적 분야뿐만 아니라 인간의 인문적 요소, 근본적 심층 구조를 탐구하면서 이성의 외눈박이적 사유를 보완하고자 했던 것이다. 이 과정에서 변증법적 방법론 역시 초월할 수 있는 가능성을 찾게 된다.

건축부문에서도 CIAM으로 대변되는 국제주의 양식의 엘리트적 이데올로기적 방향은 급격한 변화에 직면하게 된다. 각 문명지역이나 인류 공통의 주거를 연구하여 공통분모를 현대에 맞게 재해석하여 배치, 평면, 입면의 library Pool을 확보하고 변형하여 재창조하는 건축 유형학적 흐름(무라토리 학파)과 네덜란드 구조주의, 알렉산더, 린치 등의 합리적 접근방식은 이성적인 방법론으로 인간의 감성적인 부분과 근본구조까지도 적극적으로 끌어안으려는 자세였다. 한국 건축의 유전자를 여러 방법론으로 껴안고 새롭게 현대성에 맞게 재창조하고자 하는 기본적 자세는 한국적 심층 구조를 발견하고자 하는 구조주의적 자세와 밀접한 관련이 있게 마련이다.

유명해지고자 하는 욕망에 사로잡혀 과격한 디자인에 집착하는 현대 건축가들에게 구조주의적 자세는 인간의 본질로 돌아가 근본적인 생각을 추구하도록 요구한다. 구조주의적 사유와 건축도시분야의 구조주의적 실험은 시대를 뛰어넘어 계속적으로 논의될 사항이며 더 많은 인본주의적 요소들을 담기 위해 피할 수 없는 과제이다. 3권에서 논의하는 내용이 건축담론에 작은 도움이 되었으면 하는 바람이다.

2014년 1월

주요 철학자 소개

페르디낭 드 소쉬르 Ferdinand de Saussure, 1857–1913

스위스의 언어학자. 근대 구조주의 언어학의 시조로 불린다. 언어학에서 사용되는 중요 개념 중 공시 언어학synchronic linguistics과 통시 언어학diachronic linguistics을 처음 도입했다. 주요 저서로 소쉬르의 제자들의 강의 노트를 바탕으로 편집하여 그의 사후(1916년)에 출판된 『일반언어학 강의』가 있다. 그는 언어 현상을 전체로서 체계 속에서 고찰한 독창적인 접근방법을 취했다. 소쉬르의 최초 논문이자 가장 중요한 저작인 1878년의 구어 원시 모음체계에 관한 논문이 바로 그것이다. 모던은 하나의 거대한 언어체계이기 때문에 그것의 근본적인 구조를 최초로 밝혀내고자 했던 그의 작업으로 인해 모던과 포스트모던의 언어적 게임의 담론의 핵심이 되는 중심인물이 되었다. 건축 역시 어휘라는 측면에서 바라보았을 때 다양한 담론을 만들어낼 수 있었으며 세계의 구조를 언어적 관계로 관심을 돌리게 만든 시발점이 되었다.

클로드 레비 스트로스 Claude Levi Strauss, 1908–2009

프랑스의 인류학자. 1920년대 파리대학에서 철학과 법률을 공부한 뒤 중등학교에서 철학 교사로 재직했다. 1935년 상파울루대학 사회학 교수로서 브라질에 초빙되고부터 원주민과 접촉, 민족학자로서 실제조사에 종사했다.

1. 소쉬르의 초상
2. 레비 스트로스의 초상

문화체계를 이루는 근본 요소들의 구조적 관계를 탐구함으로써 문화체계를 분석한 구조주의의 선구자이다.

미국에서 알게 된 야콥슨의 언어학에서 영향을 받고 소쉬르의 근대언어학적 방법론을 인류학에 접목하여 분석했다. 랑그Langue와 파롤Parole을 신화의 구조를 해명하는데 적용했다. 일반적으로 소쉬르 이후의 근대 언어학에서는 음운이나 어휘, 문법의 시스템으로서의 랑그(코드)에 시스템에 입각하여 언어 공동체 구성원 간에 교환되는 파롤(메시지)을 구별하여 언어의 구조를 분석하는데 레비스트로스는 이와 같은 생각을 적용하여, 집단 간의 혼인 시스템이나 신화의 구조를 해명하여 문화연구에 새로운 지평을 개척했다. 그 저작은 인류학계뿐만이 아니라 일반 사상계에도 큰 반향을 일으켰다. 주요 저서로『슬픈열대』,『구조인류학』등이 있다. 그의 사유는 문화 인류학적 관점을 건축에 접목한 네덜란드 구조주의 건축의 방법론이 형성되는데 사상적 바탕이 되었다.

롤랑 바르트 Roland Barthes, 1915년-1980년

프랑스의 구조주의 철학자, 비평가. 소르본대학에서 고전문학을 공부한 다음에 파리에서 고등학교 교사로 재직 후 부카레스트, 알렉산드리아에서 대학강사를 했고, 1952년 파리의 국립과학센터의 연구원이 되었다. 1953년 근대문학의 형성을 다룬『영도의 글쓰기』가 1957년 일상생활의 이데올로기를 비판한 기고문을 모아 엮은『신화론Mythologies』이 뒤이어 출판되었다. 1962년 프랑스 고등연구실천원의 연구책임자로 임명됐다. 동성애를 고백했고(미셸 푸코와 연인 관계), 1980년 교통사고로 죽었다. 도시의 구성체계 역시 언어구성적으로 바라보고 분석한 부분을 깊이 생각해 볼 필요가 있다.

3. 롤랑 바르트의 초상

자크 라캉 Jacques Lacan, 1901–1981

프랑스 의사이자 정신분석학자. 지그문트 프로이트에 대한 해석으로 세계적인 명성을 얻었다. 1932년 의학 학위를 취득했다. 그는 1930년대 초현실주의 화가, 작가들의 무의식에 대한 탐구와 표출에 영향을 받아 무의식의 정신세계를 언어학적으로 탐구하는 데 관심을 보였다. 무의식이 언어와 같은 구조를 가지고 있다고 주장했다. 라캉의 거울 단계 이론은 1936년 마리앙바드에서의 회의에서 처음으로 소개되었다. 비록, 이 이론은 프로이트의 나르시시즘 이론의 재구성이기는 하였으나 주체의 상태에 대한 철학적 반영에 대해 중요한 영향을 끼쳤다. 1966년 논문집 Écrits의 간행으로 유명해져 구조주의의 대표적인 학자로 부각되었다. 건축 및 도시를 언어적 구조로 해석하는 방법론, 무의식의 요소를 언어적 구조로 해석하여 공간에 적용하는 방법론을 담론할 때 풍부하게 언급된다. 구조주의 정신분석학자로 분류되지만 심층의 무의식을 주제로 하고 있기 때문에 오늘날 메를로 퐁티의 지각의 현상학과 함께 건축분야에서 계속적으로 논의되는 인물이다. 1981년 파리에서 사망했다.

미셸 푸코 Michel Foucault, 1926–1984

프랑스의 철학자. 그의 글은 인문학, 사회과학의 많은 영역에 걸쳐 지대한 영향을 주었다. 다양한 사회적 기구에 대한 비판, 특히 정신의학, 의학, 감옥의 체계에 대한 비판과 성의 역사에 대한 그의 사상을 통해 널리 알려졌다. 또한 대표적 저서의 하나인『감시와 처벌』에서는 권력과 지식의 관계에 대한 이론들과 서양의 지식의 역사에 관한 담론을 다루어 그의 사유에 대해 많은 토론의 논제를 제공하였다. 현재의 비평가들은 그의 작업을 포스트모더니즘이나 후기 구조주의의 관점에서

4. 자크 라캉의 초상
5. 미셸 푸코의 초상

기술하는 데 반해, 1960년대에는 그를 구조주의와 연결하는 경우가 많아 현대의 다양한 구조들이 발생된 근본적인 원인과 흐름을 계보적으로 탐구하여 권력의 관계가 구조화되는 과정과 관계를 심층적으로 밝혀냈다. 건축 및 도시분야에서는 이성의 시대 이후 권력화되는 시설(감옥, 박물관, 미술관, 정신병원, 군시설, 학교)들의 분석에 있어서 주요한 담론을 제공하는 철학자이다. 후기에는 구조주의자들의 접근 방식과 자신 사이의 차이를 강조했다. 자신의 작업에 포스트모더니즘이라는 설명이 붙는 것도 환영하지 않았으며, 자신은 어떻게 '근대성modernity'이 정의되는지에 관심이 있을 뿐이라고 말했다. 근대에 새롭게 나타나게 된 권력과 관련된 기관 및 건축물들을 계보적으로 분석함으로써 근본구조가 인간을 어떻게 통제하며 점차 공고화되는지에 대해서 심층분석했다. 푸코는 롤랑 바르트와 연인관계였고 AIDS로 사망하였다.

구조주의의
PART 1
주요관점과 형성배경

구조주의의 출현배경

3권의 담론 주제는 다음과 같다. 철학부분에 있어서는 구조주의 사유와 건축부문에서는 유형학 및 구조주의 건축의 특성을 살펴볼 것이다. 구조주의는 이성을 중시했던 주체철학에 반기를 들고 일어난 학문이라는 평가를 받고 있다. 달리 말해, 구조주의는 현상학과 함께 이성의 폐해를 극복할 수 있는 대안적 사고였다고 할 수 있다. 구조주의는 인류공통에서 나타나는 심층구조를 연구하여 인류의 문화와 행동양식의 이면에 이미 사회를 구성하는 법칙과 구조가 존재하고 있었음을 밝히는 사유였다. 그러나 구조주의는 이성중심의 사유이지만 기존의 무의식적, 감성적 측면의 학문까지도 종합적으로 포함시켜 할 수 있는 사고라는 점이 특징이다. 따라서 구조주의는 이성이 중심이 되었던 만큼 서구의 외눈박이와 같은 사고를 보완했다는 점에서는 대안적인 사유의 흐름으로 볼 수 있다.

건축분야에서는 건축 유형학이 구조주의와 밀접한 관계를 맺고 있으며 이탈리아 신합리주의 계열과 네덜란드 구조주의 건축의 흐름도 있었다. 또한 과학적인 방식으로 유형을 분류하여 적용하는 시스템을 만들거나 경관계획시 구조주의적 관점으로 바라보는 건축적 흐름이 있다. 구조주의의 사유체계와 구조주의에 영향을 받은 건축적 흐름과 관련된 발제 또는 화두는 다음과 같다.

- 구조주의와 다른 철학적 사유체계와의 차이점은 무엇인가?
- 구조주의의 대립성은 왜 생기는가?

- 구조주의와 언어학과의 관계는?
- 구조주의와 후기 구조주의의 근본적인 차이점은 무엇인가?
- 19세기와 20세기 중반의 건축 유형학의 특성은 어떤가?
- 건축 유형학이 구조주의적 특성을 완벽히 반영하고 있는가?
- 유형학의 위험성은 무엇인가?
- 구조주의 건축에서 새로움과 진보가 존재할 수 있는 것일까 ?
- 구조주의와 현상학적 전통에 동시에 걸치는 지역주의 건축은 어떻게 바라보아야 할 것인가?

3001 구조주의의 출현과 구조주의 건축

근대적 이성 및 실증과학의 눈부신 발전으로 인해 산업혁명이 발생했고 사회변혁의 충격과 속도는 20세기 초반에 이르러 최고조에 달했다. 이전의 세계와 완전 단절된 구조주의적 학문 흐름과 철학적 사고는 20세기 들어 나타난 이성적 사고이면서 동시에 내재적으로 이성적 사고를 비판하고 극복하고자 하는 일련의 흐름으로 나타난 것이다.

흔히 구조주의는 이성을 중시했던 주체철학에 반기를 들고 일어난 학문이라고 말할 수 있다. 2권에서 살펴보았던 현상학적 흐름은 이성의 폐해를 극복하려는 대안적 사고의 움직임이었다. 그러나 현상학에서는 주체와 객체를 함께 보려고만 했지 주체와 객체를 벗어난 사고를 하려고 하지는 않았다. 여전히 주체중심의 철학의 전통을 따르고 있는 것이다. 구조주의는 주체와 객체의 체계를 벗어났다기보다는 다른 방식으로 사유했다.

2차 세계대전 이후, 프랑스 사상은 좌파적 성향의 사유들이 여러 단계를 끼치면서 발전되었다. 전후에는 마르크스주의가 프랑스 지식인들에게 영향을 끼쳤다. 이후 사르트르의 실존주의적 휴머니즘이 힘을 얻었지만 실존주의자들 사이의 이데올로기적 끈의 허약성이 명백하게 드러나게 되고 50년대 중반 이후부터 시대는 실존주의를 대신할 수 있는 새로운 운동이 필요하다는 인식이 대두되었다. 2권에서 살펴본 바와 같이 하부에 내려가서 실행을 해야할 때의 방법론에 있어서의 허약성이 밝혀졌기 때문이다.

인류 공통으로 적용될 수 있는 부분을 탐구하는 구조주의는 일견 어느 곳에도 심고 이식할 수 있는 모던적 속성과 비슷한 측면이 있다고 볼 수도 있다. 그러나 한편으로는 생각하고 있는 나와 그 외의 객체들에 대한 이분법적인 사고보다는 이미 존재하고 있는 인류공통으로 적용할 수 있는 근본적인 구조를 연구했기 때문에 그 속에 이미 주체와 객체를 이성적으로 분리시켜 대상화하려 했던 이성의 폐해적 특성을 극복하고 인간세계의 자체적 특성으로 말미암아 관심을 인간에게 돌리는 특성이 내재해 있었다고 할 수 있을 것이다. 구조주의와 후기 구조주의 사고는 연계되어 구조주의로는 파악하거나 말하기 힘든 요소들을 사유하면서 현대철학의 가장 중요한 흐름을 만들어냈다. 모던과 포스트모던의 논쟁을 이해하는 것만큼 현대사상의 근간인 후기 구조주의를 이해하기 위해서는 구조주의를 제대로 파악하는 것이 중요하다. 3권의 주요 주제는 구조주의/건축 유형학과 도시구조에 대해서 살펴보는 것이다.

3002 구조주의의 정의

원래 구조주의라는 단어는 존재하지 않았다. 현재 구조주의에 속한다고 회자되고 있는 철학자들이나 학문을 하는 사람들도 본래 구조주의라는 단어를 사용하지는 않았다. 다만, 후에 학자들 사이에서 구조주의 철학자로 알려져 있는 일련의 학자들의 연구성과들을 구조주의라는 단어로 포함시켰을 때 분류하기 편하다는 공감대에 따라 구조주의라는 단어를 사용하기 시작했고 이런 것이 일반화된 것이다.

6

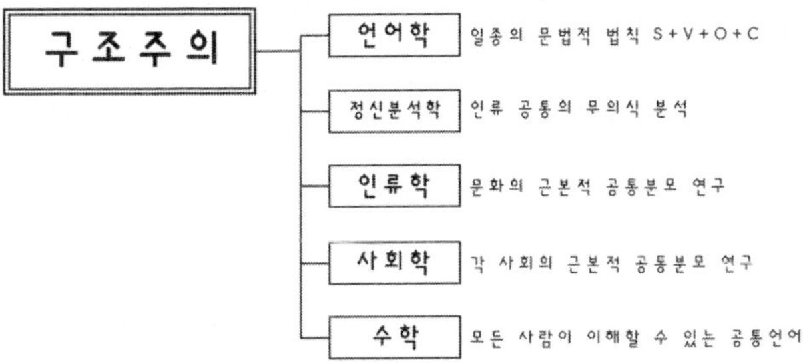

소쉬르가 언어학에 대한 근본적인 구조연구를 하기 이전, 다시 말해 20세기 들어서 이전에는 없었던 학문이 다수 발생되었다. 대표적인 학문이 언어학과 정신분석학, 사회학, 문화인류학 등이다. 먼저 소쉬르로 대표되는 언어학을 생각해보도록 하자. 소쉬르의 구조주의 언어학은 다음과 같이 정리될 수 있을 것이다. 그가 접근한 방식은 언어의 의식적인 부분보다는 무의식적인 하부구조를 연구하여 인류공통의 요소들을 추출하여 사유의 대상으로 한다. 구조주의 용어의 기원 등의 독립적인 요소를 연구하는 것이 아니라 용어들 사이의 관계에 집중하여 연구하여 그 관계의 내재된 법칙을 알아내고자 했던 것이고 그것을 일반적인 법칙으로 도출하였다. 이것이 구조주의의 핵심적 내용이다.

이전의 언어와 관련된 학문에서는 근본적인 구조에 관련된 연구보다는 부

6. 구조주의에 포함되는 학문분야

차적인 것에 관심이 더 많았다. 예를 들어 소쉬르의 언어학이 나타나기 이전의 언어학 수업에서는 단어에 대해서 공부할 때 단어가 남성이냐, 여성이냐, 중성이냐, 이것이 어떤 유래로 나오게 된 것이냐, 단어의 접두, 접미어는 어떤 것에서 파생되어 의미를 형성하게 되었느냐 하는 것 따위에 관심을 집중하고 있었다. 서구 언어의 어휘Vocaburary를 공부하면 접하게 되는 라틴어의 어근, 어미 등의 기원 등을 생각해보면 쉽게 이해할 수 있다. 당시 사람들에게 언어학이란 근간이 되는 접두·접미어의 어원을 따져 어떤 의미가 있다는 식의 연구가 주된 관심사였다. 그러나 이러한 것은 우리나라의 어휘체계하고는 그 성격이 무척 다르다는 것은 쉽게 알 수 있다. 언어와 관련해서 인류 전체에 적용하여 공통적으로 분석할 수 있는 근본구조를 연구한 것은 아니라는 이야기이다.

그러나, 소쉬르는 이전의 언어학적 관심보다 더욱 심층 구조 자체에 관심을 가졌다. 다시 말해, 오늘날의 언어의 문법과 같은 공통구조를 근본적으로 밝히려 노력했다는 점이다. 우리가 영어문법을 공부하면서 S+V, S+V+C, S+V+O, S+V+O+O, S+V+O+C 등의 5형식을 공부했던 것을 기억해보면, 언어가 이루어지는 근본구조에 관심을 가진 소쉬르는 각국의 고유언어를 초월하여 근본적인 형식 자체는 변화하지 않는 근본구조가 내재한다는 것을 파악했다. 그는 주어, 동사, 목적어, 보어 등의 요소들의 관계속에서 의미를 전달하기 위해 '언어가 어떤 구조를 갖게 되느냐'가 문법의 기본적 특성임을 인식하고 연구하였다. 소쉬르가 주목받는 이유는 이렇듯 언어라는 전달 형식에 공통적으로 깔려있는 근본적인 구조를 연구했기 때문이고 그 방식이 전 세계 언어에 공통적으로 적용할 수 있었기 때문이다.

한편, 프로이트는 정신분석학을 창시했다. 그는 인간이 명료한 의식인 상태로 세상을 지배한다기 보다는 보이지 않는 무의식이라는 부분이 인간생활에 있어서 더욱 큰 역할을 수행한다고 생각했다. 그는 인간의 정신세계를 이

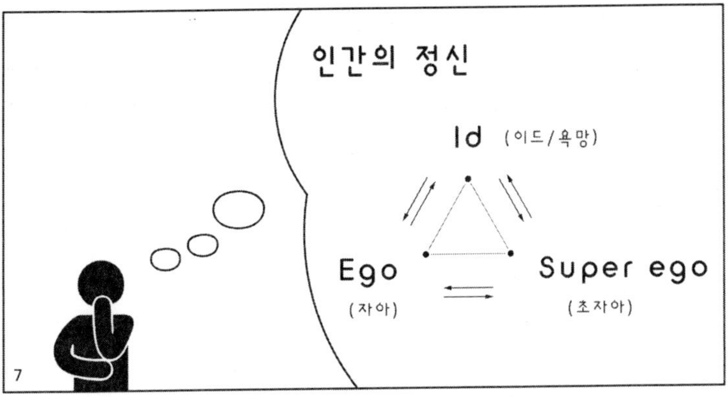

드Id, 자아Ego, 초자아Superego의 세 가지로 나누고 이 세 가지의 정신적 영역이 서로 어떻게 상호작용하면서 영향을 주고받고 있는지를 밝히고 상호영향을 주고받는 심층 구조를 치밀하게 탐구했다. 이드는 항상 침범하려고 하여 제어하기 힘든 욕망이다. 자아는 이성적인 사고를 할 수 있는 부분이고 초자아는 도덕적, 윤리적인 영역으로 이드를 제어하고자 하는 요소이다. 프로이트는 이렇게 세 요소들이 상호영향을 주고받으면서 인간의 정신세계를 구성한다고 생각했다. 이러한 사고체계를 보았을 때, 일견 간단한 듯 보이지만 사실은 매우 혁명적인 발견이었다. 매우 독특한 그의 사유방식으로 인해 당시까지는 전혀 인식하지 못했던 인간의 정신의 근본적인 부분에 매스를 가할 수 있게 된 것이다. 인종과 피부색이 달라도 인간심리의 근본구조는 변할 수 없는 것이다.

정신분석학이 철학계에 미친 효과는 마르크스가 관념론을 거부하고 실천하자고 주장한 것 이상으로 충격적이었다. 그의 학문체계가 설립된 것은 고대 그리스 시대 이후로 발전해왔던 인간세계의 명료한 이성에 대한 확신과 그에 따른 사고체계(철학분야의 형이상학 등)를 근본적으로 부정하는 것이나

7. 프로이트의 정신분석학의 기본개념, 차종헌 일러스트

다름없는 것이었기 때문이다. 인간이란 존재가 명료한 의식 속에서 사는 것 같지만, 실제로는 보이지 않는 욕망에 사로잡힌 무의식에 더욱 크게 의존하고 있다고 프로이트는 주장하고 있다. 그의 연구는 결과적으로 인간의 자존심과 철학체계에 깊은 상처를 주는 것이었다. 물론 프로이트 자신은 인문학과 관련된 세계에 그러한 파장효과를 예상치 못하고 열심히 연구했지만 말이다. 프로이트의 학문체계는 인간이라면 누구나 공통적으로 해당되는 인간의식과 무의식에 대한 탐구를 통해 인류 공통의 정신적 분야를 연구했다는 점에서 구조주의의 핵심 학문분야중 하나가 되었다.

한편, 사회학분야에서 뒤르켐Durkeim은 모더니티에 해당되는 기술 및 사회적 현상과 표현 등으로 인해 생겨난 대도시와 사회현상에 대해서 연구를 했다. 대규모 자본화가 진행되면서 인류는 이전시기에 경험하지 못했던 대규모 도시의 집합생활과 군집문화를 경험하게 되었고, 대량생산과 대량소비 시스템 속에서 살게 되었다. 그는 문명화된 도시에서는 공통적으로 발생할 수 있는 사회현상에 대한 근본적인 공통구조가 무엇일까에 대해서 연구를 진행해 나갔다. 사회적 분야 역시 오늘날 사회현상을 분석하고 해결책을 모색하기 위한 중요한 분야가 되었다.

문화인류학 분야에서는 레비 스트로스Levi Strauss가 아프리카 부족의 생활을 연구하면서 부족의 혼인체계와 종교의식체계가 유럽의 서구세계와 대단히 비슷하다는 것을 깨달았다. 거기에서 그는 인류공통의 종교와 씨족유지 체계가 존재하며 그것의 유사함을 발견하고 근본적인 구조에 대해서 탐구했다. 문명화된 사회뿐만 아니라 원시부족의 사회에서도 문명이라는 이름으로 인식되는 당시 서구국가들의 고도화된 문명 이면에는 본능적 구조와 원리가 숨어 있음을 밝혀낸 것이다. 이렇게 되면 인간은 무언가 고도의 문화를 창조한다기 보다는 인간 근원의 심층 구조 속에 놓여 살아가고 있는 존재라고 할 수 있다. 마치 장기판 혹은 체스판의 구조가 먼저 존재하고 우리는 판 위의 말처럼 정해진 구조의 규칙에 따라 움직여야만 하는 존재처럼 느껴질 수 있다.

이와 같은 세 가지 학문이 구조주의의 대표적인 학문이라고 할 수 있다. 현대수학에 있어서도 수학은 만국공통의 언어체계라고 할 수 있으므로 당연히 구조주의적인 학문이라고 할 수 있다.

8

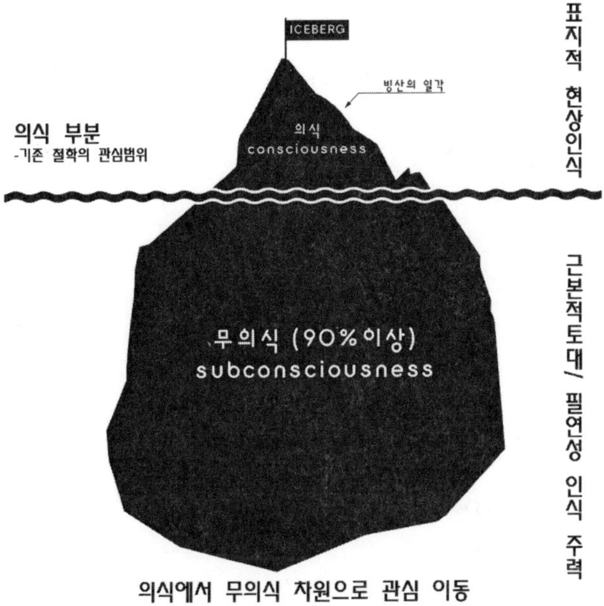

8. 인간의 의식과 무의식

3003 건축분야에서의 구조주의적 경향

구조주의적 경향의 직접적인 예를 들면, 19세기에 건축유형을 분류하고 분석하여 새롭게 재창조하는 시스템으로 발전했던 건축 유형학(깽시, 듀랑 등)으로 발전했던 것을 우선 꼽을 수 있다. 이후 20세기 중반에 이르러 크리스토퍼 알렉산더Christopher Alexander의 패턴 랭귀지 이론, 케빈 린치Kevin Lynch의 도시의 이미지를 5가지로 분류하는 방법론 등을 들 수 있다. 건축가로는 알도 반 아이크Aldo Van Eyck와 헤르만 헤르츠버거Herman Hertzberger 등의 네덜란드 구조주의 건축 계열과 이탈리아의 무라토리학파의 도시형태학, 신합리주의 운동인 텐덴차 운동이 구조주의적 관점의 연구 및 건축운동이었으며 이들은 구조주의적 사유를 건축적으로 적용시키는 실험을 수행했다. 건축분야에서는 이 시기의 움직임이 물리적 구축과 직접적으로 연계된 구조주의적 학문연구 방식이라고 말할 수 있다. 또한 성향이 약간 다르기는 하지만 언어학에 집중하여 초기의 뉴욕파이브의 멤버(아이젠만Peter Eisenmann, 헤이덕John Hejduk 등)들이 사용했던 건축 자체의 기본적 요소들을 이용한 수사학적 건축어휘실험syntax도 구조주의적인 관점의 건축실험으로 볼 수 있다.

구조주의는 **'인류공통의 근본적인 심층 구조가 되는 것은 무엇인가?'** 하는 물음에 각 학문분야별로 연구를 진행하여 독립된 연구결과를 가지면서 상호 영향을 주고받는 가운데 형성된 학문체계를 가리킨다. 그러나 이러한 학문들은 서로가 하나가 되거나 합쳐질 수 있는 성질의 것이 아니다. 각자 하나의 학문으로 인정되면서 비슷한 공통의 영역만 공유하거나 생각을 나눌 수 있는 것으로 되어 있다. 구조주의는 여러 겹의 레이어(켜)를 형성하고 일정부분 비슷한 영역을 만들어내면서 장場을 형성한다. 장場이라는 것은 공간을 의미한다. 구조주의적 사고는 각 요소들의 힘의 관계, 관계에서 발생하는 법칙, 역학 등과 같은 부분을 다루고 있기 때문에 각 요소들이 위치하게 될 공간이 필요하게 된다. 다이어그램을 그린다면 각 요소들의 자기장이 서로 만나면서 충돌, 혹은 결합, 해체되거나 하는 과정 속에서 관계와 힘, 혹은 역학관계를 표시하는 화살표가 생기게 되는데 이것을 표현하기 위해서는 각각의 공간과 시간적인 요소들이 필수적으로 들어가게 된다. 이처럼 구조주의적 사유는 공간 속에서 관심을 가지고 연구하는 각 학문의 분야의 요소들이 상호 영향을 주고받으면서 규칙을 만들어내는 것을 연구하기 때문에 공간적 사유라고 말할 수 있다.

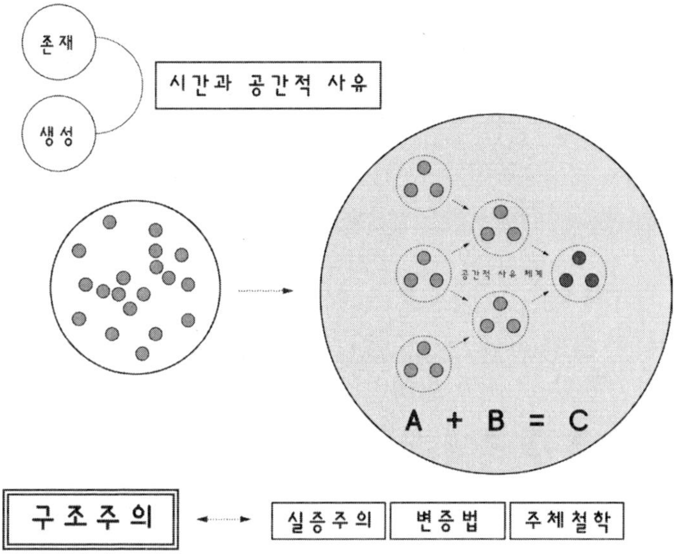

9

구조주의를 정확히 이해하기 위해서 야구경기를 사례로 들어보자. 야구경기의 규칙을 모르고 TV중계를 시청하면 단순히 야구선수들이 공을 가지고 던지고 배트로 그 공을 치고 하는 현상만을 보게 될 것이다. 그러나 한참을 들여다보고 있으면 그 경기를 지배하고 있는 게임의 규칙을 서서히 이해할 수 있게 된다. 물론 규칙을 모르고도 경기를 즐길 수 있다. 축구경기도 마

9. 요소들 간의 관계로 발생하는 시간성과 공간성

찬가지이다. 월드컵을 즐기지만 오프사이드 등의 규칙을 모르는 사람들도 많다. 선수들은 규칙을 어기는 행위를 하면 벌칙이 주어진다. 따라서 선수들은 구조의 규칙이 허용하는 범위내에서 각자의 경기를 소화한다. 우리가 경기를 관람하게 되면 선수들이 행위하는 것은 보이지만 규칙은 직접적으로 눈에 드러나지 않는다. 그렇지만 그 규칙은 축구경기나 야구경기를 지배하며 강력한 영향력을 행사하게 된다. 오랜 시간 그 경기를 보고 있으면 규칙에 의해 지배되는 것을 이해하면서 점차적으로 규칙을 이해할 수 있게 된다. 이렇듯 구조주의는 근본 규칙 혹은 룰을 연구하는 것이다. 그러나 그 구조는 보이지 않는다. 인간은 상상의 동물이다. 인간의 눈에는 직접적으로 보이지 않는 상상적인 것The Imaginary, 혹은 관념적인 것들을 필요로 한다는 것은 복잡한 것, 즉 정신과 의식이 있어야 한다는 것을 의미한다. 그것은 실재적인 것The Real과는 다르다. 옛 철학에서는 이미지보다는 이상적인 것들ideal로 더 많이 표현했다. 2차원적인 지각perception과 상상과 결부된 이미지를 통해 그것들 사이의 관계를 사유하게 되면 각 요소들은 상징화되기 마련이다.

결국 구조주의적 사고는 보이지 않는 것을 연구하는 학문, 즉 상징적인 것The Symbolic을 연구하는 학문이라고도 달리 이야기 할 수 있다. 이점이 구조주의에 있어서 매우 중요한 부분이다.

다른 사유와의 차이점과 후기 구조주의

3004 구조주의와 다른 사고체계와의 차이점

구조주의는 실증과학이라는 공통적 인식기반을 근거로 하여 편의상 만들어진 이름이라고 볼 수 있다. 구조주의는 여전히 합리적 이성으로 판단하는 합리주의 내지는 과학적, 객관적 판단을 근거로 하는 실증주의적 판단을 중시한다. 위에서 살펴본 대부분의 구조주의 철학자들이 이성에 근거한 방식으로 대상을 분석하고 있다. 또한 인류 공통의 근본적 구조, 기존에 존재하는 구조를 연구하는 학문이다 보니 혁신적인 것이나 현재는 존재하지 않는 것을 만들어내기 위해 연구하는 진보적 학문과는 다른 특성을 가지게 된다.

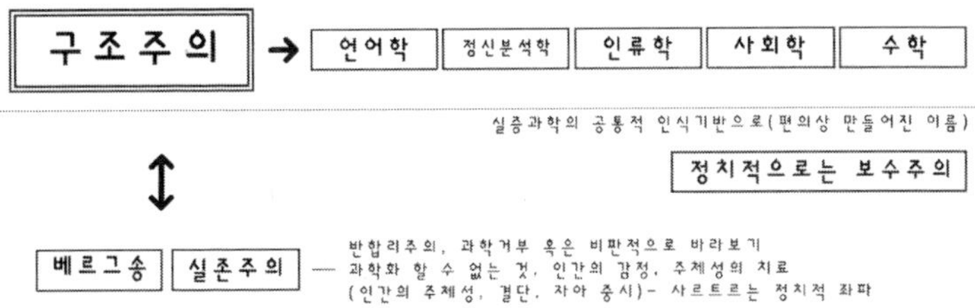

10

구조주의는 인류공통의 근본구조, 즉 기존의 구조를 연구하는 학문이라고 했다. 일련의 구조주의자들은 **'세상에 새로운 것은 하나도 없다'**라고까지 이야기한다. 따라서 구조주의는 진보적인 사고체계라기 보다는 보수적인 사고체계라고 보아야 할 것이다. 따라서 구조주의의 사고체계는 정치적으로는 보수주의적 성향을 띠고 있다. 이것은 인간의 주체성을 중심으로 하는

10. 구조주의 입장

베르그송과 실존주의적 성향과 매우 다른 성향을 보이는 것이다. 당연히 실존주의와 베르그송은 정치적 좌파를 형성하고 있다.

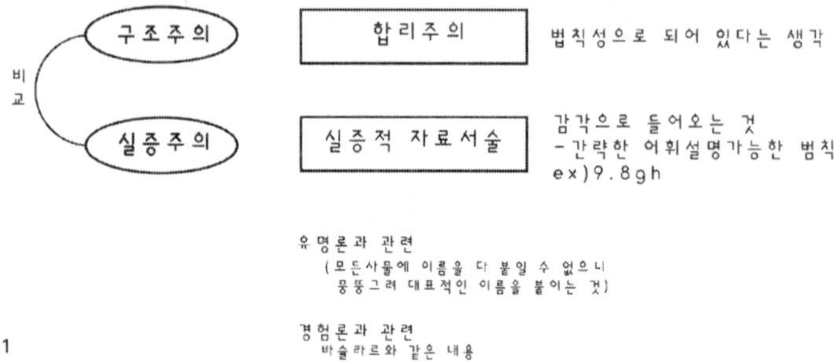

11

-구조주의와 실증주의의 차이점

구조주의는 인류 공통의 근본구조를 연구하며 인류를 지배하는 눈에 보이지 않는 구조가 존재한다고 생각하여 연구를 진행한 학자들의 학문체계를 포함시켜 말하는 것이다. 그러나 과학으로 대표되는 실증주의는 눈에 보이는 현상을 객관적으로 파악하여 간단한 수식으로 나타낸다. 예를 들어 중력에 해당되는 내용을 9.8GH로 나타낸다든가 아인슈타인의 상대성이론을 $E=mc^2$하는 것이 그것이다. 이것은 철학적으로는 유명론唯名論의 내용과 비슷하다. 모든 이름을 다 붙여서 표현할 수 없기 때문에 묶어서 하나로 통틀어 대표로 표현하는 것과 비슷한 것이다. 경험해보니 이렇게 줄여서 이야기할 수 있다는 내용이므로 대륙의 합리론과는 비교되는 경험론적인 입장에 서있는 것이다.

-구조주의와 변증법 및 주체철학과의 차이점

구조주의는 변증법과도 차이를 보이게 된다. 구조주의는 각 분야별로 연구하여 복잡한 장을 형성하고 있다. 일정한 틀이 없이 자유롭게 사유되는 사유의 장이라고 할 수 있고 각 학문적 내용도 각각 독립적이다.

11. 구조주의와 실증주의의 차이

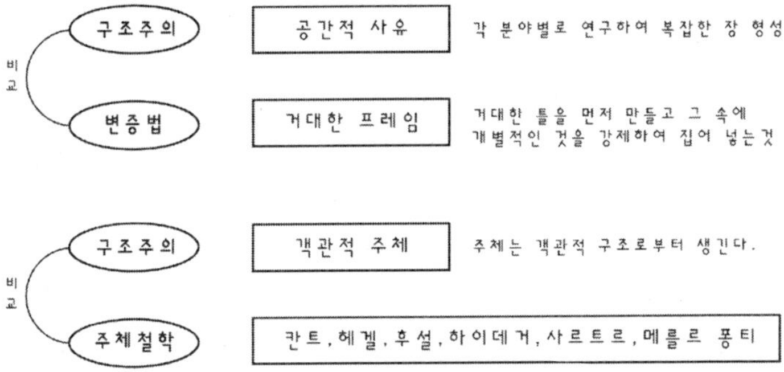

12

그러나 변증법은 역사라는 시간의 흐름 가운데 정, 반, 합의 선적線的 과정을 통해 발전하는 체계이기 때문에 우선 정, 반, 합의 프레임을 만들고 난 후, 사회적 현상이나 사고의 전개를 프레임 속에 끼워 맞추어 나가는 성향이 강하다. 건축분야는 기술 및 과학의 진보적 측면이 분명 존재하기 때문에 구조주의와 변증법적 양상이 동시에 존재한다고 할 수 있다. 이처럼 변증법이라는 사고체계는 먼저 구조를 염두에 두고 객체를 의도에 의해 끼워 넣는 성향이 강한 사고이기 때문에 다분히 폭력성이 존재함을 쉽게 감지할 수 있다.

우리나라 사람들은 혈액형으로 그 사람의 성격에 대해서 '이렇다 저렇다' 판단하는 경향이 강하다. 세계적으로 유독 한국 및 일본사람들만이 그런 성향을 가지고 있다고 한다. 그렇지만 만약 어떤 사람이 각 혈액형이 지니고 있는 것으로 알려진 특성의 분류 범주에 들지 않는 것으로 드러난다면 어떻게 판단해야 할까? 각 혈액형별 성향이라고 알려진 특성에서 벗어나는 사람들까지도 'B형 남자는 이런 성향이 강해서 싫어' 라고 손쉽게 단정하는 것, 이것이 바로 같은 무리로 어떻게든 속하도록 강제하는 폭력성이라고 할 수 있다. 철학에서는 이것을 '동일 계열화'라고 한다. 이 문제는 들뢰즈 철학에서 중요하게 다루어지고 있다. 이러한 사항에 대해서는 7권에서 살펴보도록 할 것이다.

12. 구조주의와 변증법, 주체철학의 차이

구조주의와 주체철학과는 어떠한 차이점이 있을까? 주체철학이라는 것은 생각하고 있는 나와 이 세계와의 관계 즉, 주체와 객체, 일자一者와 다자多者로 구분하여 사고하는 체계이다. 그러나 구조주의에서는 인간세계의 '심층구조'가 먼저 존재하고 그 구조에 따라 주체가 만들어지게 된다고 생각한다. '구조가 먼저 있고 그 구조에 맞추어진 주체가 존재한다'라고 생각하는 것이다. 비유를 들자면, 경기에서 축구선수는 경기의 구조와 룰이 존재하여야 선수라는 주체가 생겨날 수 있다는 사고방식이다. 선수들이 창조적으로 경기를 하면서 동시에 규칙의 구조가 다른 야구경기를 할 수는 없을 것이다. 축구선수는 축구경기의 룰에 따라 움직이기에 선수라는 주체가 된다. 먼저 축구의 룰이 존재하는 것이다. 그러나 주체 철학에서는 생각하고 있는 주체가 중시되는 학문 흐름이다. 데카르트의 사고로부터 주체성과 주체의 판단을 존중하는 현상학, 실존주의 등의 계보와 밀접한 관련이 있다. 이 사고체계는 주관성을 중시한다.

이렇듯 산업혁명 이후, 합리적, 과학적 체계하에서 나타난 모더니티 현상과 구조주의적 사고체계는 시대적 특성과 맞물려 매우 혁신적인 사고체계를 이루고 있으며 인간이라는 존재를 다시 한 번 생각하게 할 만큼의 근본적 구조를 다루는 학문 사유체계가 되었다. 그런 이유때문에 주체를 중시하며 오류가 생길 수 있는 요소들이 있음을 인식하고 근본구조에 주목하여 그러한 이성만의 사유방식의 단점을 극복할 수 있는 근본적인 담론을 다루는 것을 목적으로 한 것이다.

-구조주의의 대립성은 왜 생기는가?

과학으로 대표되는 실증주의와 예술로 대표되는 낭만적 경향은 역사적으로 서로 다른 분야로 간주되어 왔다. 그것은 자연스러운 일이며 보통 인문계 고등학교에 다니게 되면 과학을 다루는 이과와 문과(혹은 예술계열)로 반을 나누어 수업을 하는 것이 현실이다.

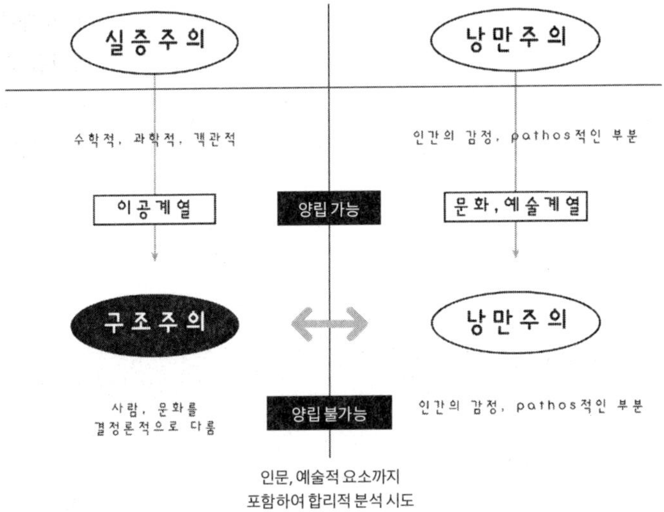

실증주의는 수학적 과학적 객관적 사고체계이고 낭만주의는 인간의 감정과 파토스Pathos적인 부분을 다루는 예술 및 학문적 성향으로 인해 예전부터 서로 다른 학문으로 간주되었으며 이것은 서로의 영역을 침범하지 않기 때문에 서로 사이좋게 양립하여 존재할 수 있었다. 그러나 구조주의는 다른 특성을 보인다. 구조주의는 이성과 합리성에 기반을 두고 객관적, 과학적 태도로 인문과 관련된 학문, 즉 사회학, 정신분석학, 문화인류학 등의 인문학 전반에 걸친 내용을 다루고 있다. 이른바 실증적 태도로 인문적 콘텐츠를 이렇다 저렇다 분석하고 평가하는 것이다. 이렇게 되면 기존의 학문적 체계를 침범하는 학문영역이 생기게 되므로 학문적 위치에 문제가 생기게 된다. 따라서 당연히 기존 학문적 체계와 많은 대립적인 상황을 불러 일으켰다. 또한 구조주의의 학문적 성향은 사실, 심층 구조를 다루면서 프로이트나 레비 스트로스처럼 기존학자가 전혀 생각지도 못했던 전혀 새로운 내용을 결정론적으로 밝히는 경향이 강하므로 기존 학계에 충격을 가져다 주기에 충분했다.

13. 구조주의의 학문적 영역

구조주의와 다른 사유체계와의 유사성과 차이점을 살펴보면서 정신계에서 구조주의와 관련하여 뚜렷한 업적을 남겼던 철학자 및 대가의 특징을 종합하여 각각의 특성을 분석해보면 구조주의에 대해서 뚜렷한 이해가 가능하다. 이를 위해 구조주의로 대표되는 학자들의 사유에 대해 살펴봄으로써 근본구조의 이해를 넓힐 수 있다.

3005 구조주의 철학자의 사유

-소쉬르

흔히 모더니즘이나 모더니티를 '거대담론', '그랜드 내러티브Grand Narrative' 혹은 '언어게임'이라고 부른다고 언급한 바 있다. 이 단어는 언어와 관련되어 언어적 사고의 거대한 틀 안에 속하게 된다는 의미를 내포하고 있다. 너무나 거대해서(너무나 거대한 시스템이어서) 거기에는 인간이 끼어들 틈이 없다고도 했다. 또한 신화는 언제든지 똑같은 이야기가 반복되어야 하는 운명을 지니고 있으므로 똑같이 복제되고 지속(반복 재생산)되어야 한다. 그래서 모더니티는 '신화화' 되었다는 표현을 하기도 한다. 소쉬르는 거대한 언어게임에 들어간 모더니즘의 근본적인 담론을 처음 만든 학자였으며 근대의 모더니티 속성을 잘 대변하는 언어학 연구를 진행하였기 때문에 계속해서 조명을 받게 되었다.

우리는 보통 어떤 사물이 있고 그 사물들의 관계 속에서 구조가 있다고 생각하기 쉽다. 그러나 소쉬르는 이러한 생각에 반기를 들었다. 먼저 구조가 있고 그 구조를 통해서 사물과의 관계를 알 수 있다고 그는 생각했다. 그는 그 관계를 언어를 통해 이해하고자 했다. 이것이 구조주의의 출발점이라고 할 수 있다. 사물과의 관계를 알 수 있다는 말은 달리 이야기해서 각 요소들의 관계들이 만들어내는 차이를 알 수 있다는 말과 같은 의미이다.

소쉬르 이전의 언어연구는 다음과 같았다. 예를 들어 달moon이라는 단어가 있다면, 기존의 연구는 우선 이 단어의 역사적 근거가 어디서부터 왔는지를 따지는 것이었다. 그러나 소쉬르는 근원의 심층 구조로부터 연구하는 방식으로 변환시켰다. 인간은 언어적 동물이다. 그는 언어에 대한 방법론과 일반적 접근방식으로 20세기의 모더니즘 사상의 혼란스럽고 복잡한 세계를 파악하고 이해하려 했던 공식적 전략을 분명하게 보여주었다. 그는 기호와 기호체계를 통해 연구기호학과 구조주의를 제창했다. 그는 사고가 표현되는 언어구조로부터 나오는 분석에 초점을 맞추었다. 그는 '만약 의미가 언어로부터 나온다면 언어는 어디로부터 생기는 것인가?' 와 같은 근본적인 질문을 했다. 그리고 소쉬르의 언어적 구조주의는 다른 구조주의의 흐름보다도 더 근본적인 언어적 역학관계를 탐구한 것이므로 구조주의 중에서도 핵심적인 논의를 진행하고 있는 것이라고 할 수 있다. 만약에 구조주의를 비판하고 새로운 사유체계를 만들고자 한다면 어떻게 해야 할까? 구조주의의 주요 인물이자 핵심적 사유를 진행했던 학자의 체계를 근본적으로 탐구한 이후, 그것의 허점을 공격해서 취약성을 밝혀내고 보완된 사고를 제시하거나 새로운 생각을 덧붙여 새로운 사유체계를 만들어내어 기존의 틀을 깨고 나와야 할 것이다.

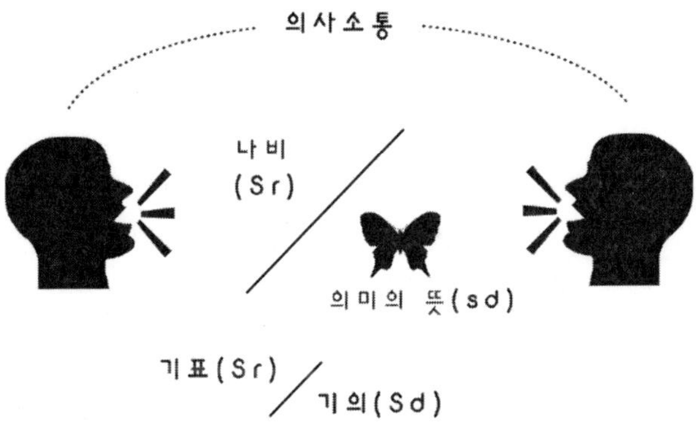

14

14. 기표와 기의의 결합과 의미화 과정

기표signifier는 의미를 전달하는 것이다. 일반적으로 우리가 사용하는 단어의 '글자'를 생각하면 편리하다. 따라서 기표는 의미를 전달하는 도구로 생각하면 된다. 기의signified는 그 글자가 전달하는 '의미'이다. 위의 다이어그램으로 설명하면 한글단어 '나비'는 꽃 위를 날아다니는 나비를 의미한다. 우리가 생각하는 나비의 생김새 움직임을 포함하는 개념이 기의이고 한글로 쓰게 되는 '나비'라는 글자 자체가 기표이다. 한 나라의 언어는 이렇게 그 나라가 약속한 글자로 표현하는 기표와 기의가 결합되어 나타난다.

여기서 언어 구조주의의 사유에 있어서 핵심적인 내용을 간단히 살피면 다음과 같다.
인류의 모든 언어는 그 소속사회의 규칙(한글, 영어, 일어 등)에 따른 언어학적 단위와 규칙의 체계인 랑그Langue로서의 언어와 실질적으로 하는 파롤Parole로서의 언어의 구분으로 이루어져 있으며 이것이 소쉬르 언어학의 기본이다.

언어는 항상 기표와 기의로 구분할 수 있다. 기표는 우리가 일반적으로 생각하는 문자이다. 사회적 약속이기도 한 문자는 한글 자음 모음과 영어의 알파벳 혹은 일본어의 히라카나 가타카나 등이 다르듯이 언어마다 문자와 단어의 생김새가 다 다르다. 기의는 의미이다. '소'라고 했을 때 한국 사람이나 외국인이나 일상생활에서 동일한 소를 보는 인식은 동일할 것이다. 그러나 그 소를 인식하고 단어로 표현하는 것은 한국인은 '소'라는 한글을 이용하여 표현할 것이고, 미국인은 카우cow라고 표현할 것이다. 이렇게 기표는 사회적 약속이다. 그리고 이것을 랑그Langue라고 지칭한다. 기의는 그것의 뜻(의미)인데 기표와 기의가 결합되어 커뮤니케이션이 가능해진다. 이것을 의미화signification라고 한다. 즉, 기표와 기의가 모여서(Sr/Sd) 하나의 사인Sign을 만드는 것이다. 이렇게 사인이 되는 데에는 다음과 같은 법칙이 있다.

○ 의미화Signification는 사인을 만들기 위해 기표와 기의가 결합하는 것이다. (Sr/Sd)

○ 사인은 의미화의 체계 밖에서는 의미가 없는 관계로 이해되어야만 한다.

○ 소리의 선택은 의미 그 자체에 의해 우리에게 부과되는 것이 아니다.

○ (Sr/Sd: 기표가 기의를 올라타는 것)은 자율성에 의하여야만 한다.

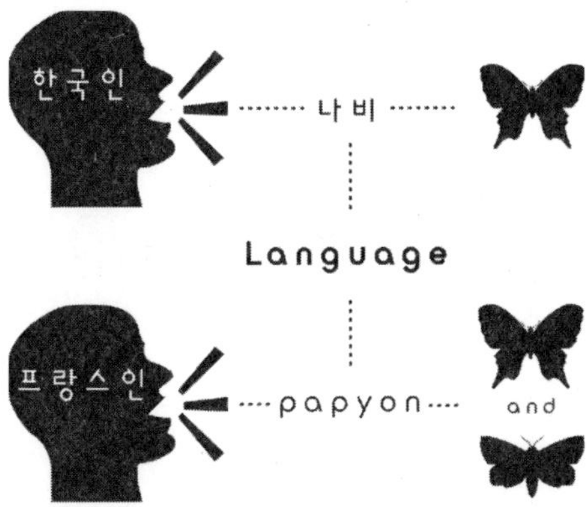

15

언어는 기본적으로 차이의 체계이다. 차이가 있어야 세상만물을 구별하여 지시하고 표현할 수 있을 것이다. 언어기호는 단독으로 정해진 의미를 갖는 것이 아니라 체계 속의 다른 기호와의 대립관계에 의해 그 기호의 의미, 즉 기의를 내포하게 된다.

한국어에서는 나비와 나방이 다른 것이지만, 프랑스어에서는 빠삐용Papyon으로 두 가지가 같은 곤충으로 받아들여지고 있다. 의미는 기호와는 독립해서 존재한다. 소쉬르 이전의 언어는 사물의 전통적으로 사물의 이름이나 옷으로 생각된 것이 사실인데 그것을 뒤집은 것이다.

15. 기표와 기의의 의미화 과정의 차이 가능성

간략히 말해, 기표(랑그)는 문자와 같은 표시(사회적 약속)이고 기의는 그것의 뜻이다. 빠삐용papyon이라는 프랑스어 단어는 알파벳이라는 랑그로 표시되지만 그 뜻은 나방과 나비(의미) 둘 다를 의미한다. 한국어에서는 명백히 다른 단어로 쓰이고 있지만 말이다. 따라서 나라와 민족에 따라서 쓰는 단어와 그것이 연결되는 것은 그 사회가 구조화하고 있는 시대와 장소의 가치와 이데올로기적인 측면이 관련되게 마련이다. 사실 한국어 '나비'와 진짜 나비라는 의미와는 전혀 관계가 없는 것인데 한국사람들끼리 이렇게 '나비'라고 쓰면 날아다니는 진짜 나비의 의미로 받아들이자고 한국사회에서 약속한 것이다.

기표와 기의는 서로 미끄러진다라는 표현을 쓰듯이 매우 이질적인 것들을 묶는 과정을 겪게 되는데 의미화signification 과정에서 자연스럽게 그 지역의 정치, 경제, 문화, 법률 등의 다양한 요소들의 가치관이 담겨지게 된다는 뜻이다.[1)]

가치관이 담길 때에는 항상 그 시대 그 사회가 가지고 있는 다양한 가치와 이데올로기가 담기면서 의미화되는데 그 가운데 기호학이 다루고 있는 상징, 아이콘, 지시체, 기의 기표, 구문, 의미적 요소들이 포함되기 마련이다.

-랑그와 파롤

소쉬르는 사회적 측면의 랑그langue와 개인적 측면의 파롤parole로 구분하여 분류했다. 랑그는 어떤 사회에서 사용되는 제도로서의 언어이며, 파롤은 랑그에 기반을 둔 채 개인이 실제로 행하고 있는 발화發話 행위이다. 확실하게 의사소통이 되기 위해서는 인간과 인간 사이의 공통의 랑그가 사전에 알려져 있어야 하지만 사실 랑그는 그것 자체로서는 존재하지 않는다. 랑그는 단지 파롤을 통과시키는 형태만을 나타내는 것이다. 사람들이 쓰는 말에 따라

1) 라캉은 기표와 기의의 결합(의미화)관계를 기호로는 Sr/Sd(기표/기의)로 표현하는데, 이것을 기표가 기의를 올라타고 있다고 표현하기도 한다. 둘의 관계는 영속적으로 결합되지 못하고 끊임없이 변화되어 서로를 미끌어지는 관계이므로 /(슬래시) 기호가 사용되었다.

서 랑그는 조금씩 변화해나갈 수 있다. 예를 들어 한국인이 일반적으로 인식하는 '나비'의 의미를 한국사회에서 새롭게 '너리'로 쓰기로 오늘 이 시간부터 약속하자고 하면 기존의 나비의 의미는 동일하면서 쓰는 단어가 너리로 될 수 있다. 껍데기 자체는 사회적 합의에 의해 바뀔 수 있다는 말이다. 이런 식으로 소쉬르는 인류가 사용하는 언어가 가지고 있는 근본적인 속성에 대해서 탐구를 한 것이다. 랑그와 파롤의 관계는 항상 변화할 수 있는 것이다.

다시 말해, 우리가 한글이라고 해도 조선시대의 한글로 된 소설이나 글을 읽으면 현재 우리가 쓰고 있는 어투와 많이 다르다는 것을 알 수 있다. 또한 단어가 현재 쓰이고 있는 것과 다른 것도 많은 것을 살펴볼 수 있다. 또한 지역마다 같은 의미를 다른 단어로 사용하기도 해서 전혀 의미를 이해할 수 없는 경우도 있다. 대한민국에서는 한글이라는 사회적 규약Langue을 가지고 있지만 시대나 지역에 따라서 사람들의 의도에 의해 달리 쓰일 수 있는 것이다. 이렇게 언어는 사회적 규약이 있지만 달리 쓰일 수 있으며 기표와 기의의 결합 역시 의미화 되는 과정중에 달리 쓰일 수 있고 변화될 수 있다. 그래서 기표와 기의는 항상 서로를 끊임없이 미끄러지는 관계라고 표현하는 것이다.

건축은 구축시키면서 구축의 언어를 가지고 있으며 이를 분화시키고 변형시키면서 공간이 만들어지게 된다. 일단 건축물이 생산되면 대부분 바로 사용되면서 소비하는 대상이 되기 때문에 건축물은 그 자체로 일종의 '언어'이자 생산 및 소비의 순환이 이루어지는 대상이라고 볼 수 있다. 또한 건축은 분화와 변형의 과정에서 이데올로기적인 요소가 들어가게 마련이다. 물질화와 기호의 개념은 복제 가능성과 상품 소비의 순환 주기에서 항상 지시대상을 갖게 마련이다. 랑그와 파롤의 관계 역시 이런 요소들이 존재한다.

소쉬르는 이렇게 언어의 근본적인 구조와 속성에 대해서 깊히 탐구를 했으며 랑그와 파롤의 언어적 문법적 관계에서의 역학관계를 근본적으로 분석하여 언어게임의 구조를 근본적으로 밝혀서 현대의 구조주의를 창시했다는 점에서 큰 의의가 있다.

-레비 스트로스

소쉬르가 언어학을 중심으로 하여 랑그와 파롤의 개념을 이야기하면서 차이를 설명했던 것과 유사하게 레비 스트로스는 문화인류학적인 측면에 집중하여 인류 공통의 심층 구조를 탐구했다.

레비 스트로스는 사회나 문화 역시 언어활동의 교환법칙과 다를 바가 없다고 생각했다. 그래서 그의 관심은 언어학이 아니라 미개사회의 문화였다. 유럽의 상위문화와 미개인으로 치부되는 원시부족의 문화가 근본적으로 다를 바가 없다는 것 역시, 유럽인의 자존심에 치명타를 날리는 것이었다. 그는 족내혼의 규칙을 통해 교차 사촌간의 결혼은 허용하지만 평행 사촌사이는 금지하는 법칙 자체가 우성유전자를 계속해서 유지 발전시키고자 하는 무의식적인 법칙의 구조 하에 있다는 것을 밝혀냈다. 이것은 근친상간을 피하려는 무의식의 발로이다.

그는 언어를 익히지 않은 문화에서조차 그 기본 구조는 랑그처럼 사회의 구성원을 규정하는 심층 구조의 체계를 만들어왔음을 간파하고 그것을 증명하기 위해 연구했다.
이른바 구조인류학의 시조로 인정받는 레비 스트로스는 미개인의 야생의 사고가 그 지역에서 우등한 유전자로 살아남기 위해 본능적으로 살아가기 위한 가장 적합한 심층 구조를 지니고 있음을 밝혀냈으며 그것이 과학적 생활양식이고 문명국의 결혼구조와 유사함을 발견했다. 이와 같은 연구를 통해서 레비 스트로스는 서구세계의 세계관과 문명관에 충격을 주었다. 그는 구조주의의 연구 방법론을 사용함으로써 미개부족의 친족, 혼인, 신화 등이 밑바탕에 흐르는 심층 구조의 체계가 있음을 발견한 것이다. 이러한 구조는 더 나아가 수학적이고 과학적 규칙의 체계를 가지고 있음을 또한 밝혀냈다.

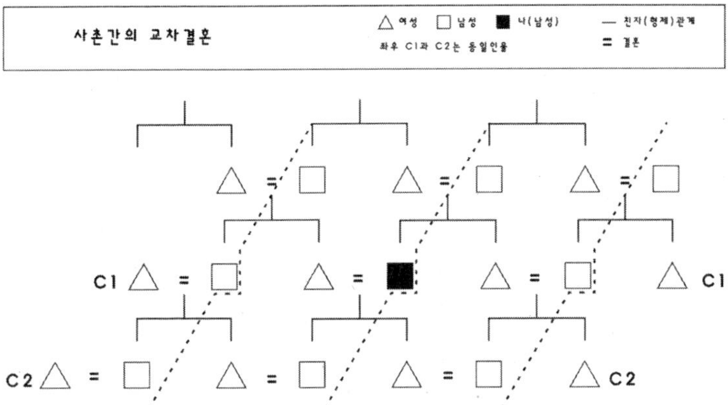

16

그것은 미개사회로 치부되는 원시문명의 각 부족이 부족간의 교차결혼을 통해서 보완적인 결혼체계를 만들어내어 유전적으로 건강하고 진화하는 개체들로 발전할 수 있도록 하는 방식이었다. 이를 통해서 한 부족만이 번영하거나 쇠망하는 일이 없이 공통적으로 발전해 나갈 수 있었다. 문명국의 화려한 고상한 결혼문화가 사실은 원시문명에서의 방식과 구조면에서 큰 차이가 없다는 점은 인류의 심층 구조가 먼저 존재하고 그 한계 내에서 행동하고 있는 것이라는 주장과 마찬가지로 충격을 주기에 충분한 것이었다.

그림16. 레비 스트로스 연구로 밝혀낸 사촌간의 교차결혼 풍습 다이어그램, 발리스 듀스, 그림으로 이해하는 현대사상, 개마고원, p244

–롤랑 바르트

바르트는 언어학 분야에서 언어와 기호라는 대상을 관념적이면서 주관적인 접근방식으로 분석했다. 특히 언어의 기호에 대한 과학적 접근방식을 응용하여 연구대상을 확대하여 기존사회를 분석했다. 최초의 저서인 『신화작용』에서 그는 '프랑스 사회가 그 사회 구성원들이 만들어낸 문화적 제도가 다시 그것을 만들어낸 구조임을 역설했다. 또한 그는 이 구조로 인해 구성원들이 인식과 행동에 제약을 가지게 된다'고 주장했다. 그리고 특정시대의 사물이나 사건은 '문화적인 기호'로서 등장한다는 것을 밝혔다.

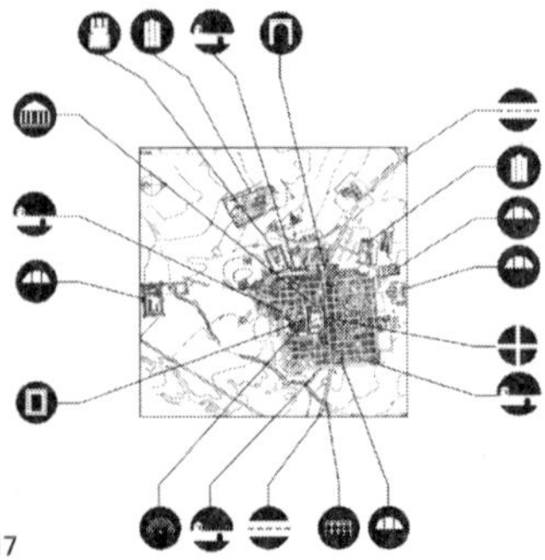

17

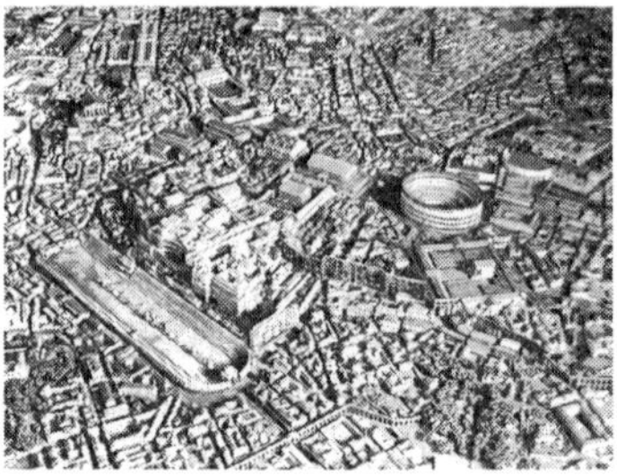

18

건축, 도시분야와 관련하여 그는 또한 '도시는 담론체계로 되어 있다'라고 생각했다. 여기서 '담론체계는 사실상 언어체계라고 할 수 있다.' 는 것이 그의 주장이다. 그는 기표와 기의의 관계가 더 이상 일대일의 관계로 고정되어 간주되는 일이 없어야 한다고 강조한다. 기의가 안정한 상태로 있으면 기표는 항상 쉽게 의미화의 무한정한 연결고리에 참여하게 되기 때문이다. 바르트는 도시의 기능을 우선시 하기 보다는 우리가 어떻게 도시를 해석하고 읽어야 하는 것에 주목해야 한다고 생각했다. 그 사회가 만들어내는 도시구조는 그 사회의 이데올로기와 가치가 투사되어 구축되어 있는 것이며 또한 그

17. 고대도시 밀레투스의 공간구조 아이콘 분석
18. 고대 로마도시의 공간구조. 기원전 도시들과 현대도시에는 어휘나 문법과 같이 시대를 초월하여 가지게 되는 공통분모가 존재한다. 아이콘식으로 도시를 분해하여 해석해 보면 공통분모를 쉽게 발견할 수 있다.

에 따라 끊임없이 변화되어 나간다. 도시구조를 해석하는 것은 끊임없이 서로를 미끌어지는 기표와 기의를 해석하는 것과 같이 그 사회의 의미화 과정에서 나타나는 사회적 특성을 살피는 과정으로 이해할 수 있다. 앞의 그림에서 보여지는 것과 같이 모든 도시는 시대를 초월하여 공통분모가 존재한다. 사람이 살아가는데 필요한 주거, 상업, 수도, 도로, 여가활동을 위한 시설, 광장 등등… 고대도시로부터 현대도시에 이르기까지 공통적으로 필요한 시설의 배치와 공간구조화 되는 요소들은 유사하게 조직되는 특성을 보이게 되는데 이것 자체가 하나의 언어학적 구조와 유사한 모습을 보이며 언어게임과 같은 양상을 보인다.

바르트는 처음으로 실제 과거를 초월하는 그림자 가운데 잃어버렸던 꿈의 언어체계에 대해서 이야기했다. 롤랑 바르트는 인간의 중요행위 중 하나이며 에로틱한 행위인 구매행위에 대해서 집중적으로 연구했다. 그에게 도시내의 철도역사와 공항 등과 같은 복합시설들은 주위의 랜드마크적인 요소이면서 동시에 쇼핑몰이다. 도시 속에서 이러한 복합적 랜드마크의 의미화는 일종의 성적 충동과 관련되어 있으며 구매와 만남의 장소이다.[2] 이러한 도시적 요소의 이미지를 탐구해 보면 사회구조가 도시구조를 언어와 같이 어떻게 만들어내는지에 대해서 분석할 수 있다고 그는 생각했다.

이렇게 도시를 하나의 언어구조로 접근하는 방식은 우리가 1권에서 발터 벤야민이 시도했던 방식과 유사한 면이 있다. 그는 만화경과 같은 만물상의 아케이드를 돌아다니면서 자본의 속성과 공간에 대해서 사적유물론과 신학적인 부분을 통합하여 사유하려고 시도했다. 구매행위와 자본의 순환과정과 도시의 연관관계는 언어적 게임과 매우 유사한 측면이 있다. 다만 그의 접근방식은 기존의 도시구조를 보고자하는 일반적인 접근방식이 아니라 양립불가능한 듯 보이는 신학적, 변증법적 방법론을 통합하여 도시를 바라보아 현대도시의 본질을 이해하려고 했다.

2) 구매인의 니즈를 만족시켜 주는 공급자와의 거래는 뒷골목의 성적 거래와 같이 일종의 은밀한 욕망이 매끄럽게 상호교차하여 서로를 만족시키는 것과 유사하다. 그래서 쇼핑의 행위는 인간의 무의식과 매우 밀접하게 연계되어 있다.

롤랑 바르트는 발터 벤야민이 했던 방식이 연상될 정도로 자본이 지배하는 현대 상업공간과 그것이 지배하는 도시구조를 하나의 언어체계로 보았고 그것이 만들어나가는 도시적 차원의 언어게임이 어떻게 구조를 만들어나가며 어떤 양상을 띠는지를 연구한 것이다. 이렇듯 롤랑 바르트는 도시를 하나의 언어구조로 보았고, 그것에 놓여있는 심층 구조와 도시 내에서 벌어지는 에로틱한 구매행위를 분석함으로써 자본의 속성과 도시의 근본구조에 대해서 파악하고자 했다.

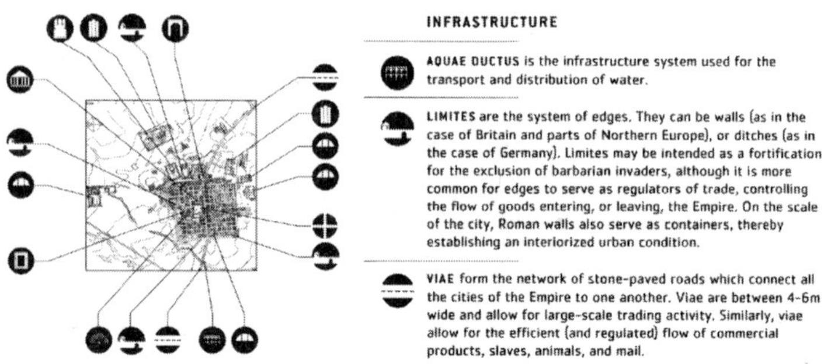

19

도시를 언어와 같은 심층 구조로 어떻게 인식할 수 있을까? 고대 도시에서 보여지는 다양한 기능들을 아이콘화 시켜보면 대부분이 주거를 이루고 있지만 도시를 기능하기 위해서 필요한 각종 기능의 시설과 여가, 소비, 위락, 기타 인프라, 아고라(광장) 등등은 오늘의 도시구조에 있어서도 큰 변화 없이 그 기능이 유지되며 사용되고 있다. 이것은 인류의 특성상 도시구조 역시 우리의 삶을 형성시키는 심층 구조가 이미 존재한다는 것을 보여준다. 이러한 아이콘들은 각각의 도시의 문법체계를 만들면서 구조화된다.

19. 언어적 분석과 각 요소들의 세부 분석

20

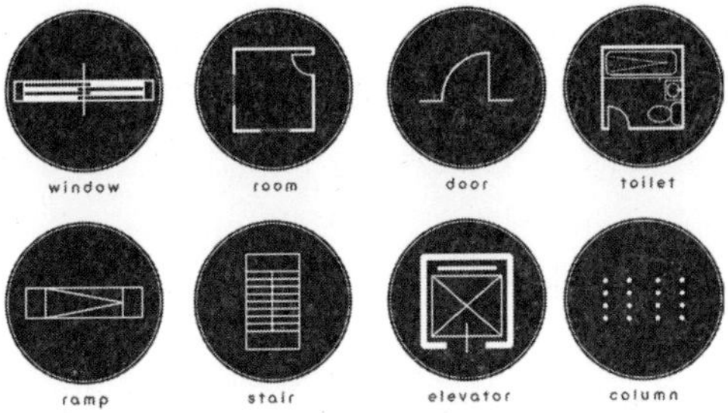

건축공간에 있어서 앞서 도시를 바라볼 때와 같이 근본구조와 같은 요소들이 무엇일까? 위에서 보이는 엘리베이터, 계단, 램프 등의 수직이동 요소들과 창문, 문 등의 개구부, 방, 화장실 등의 요소들, 기둥 등으로 구성되어 계획되고 구축되는 것이 일반적이다. 이 요소들 없이 만들어지는 건축물들은 거의 찾아보기 힘들다. 언어로 비유하면 위의 아이콘 요소들이 문법적 요소들이라고 볼 수 있다. 언어의 문법적 요소들을 사용하여 우리는 일상생활의 의사소통을 수행한다. 어떤 사람은 같은 문법적 요소라는 재료를 가지고 매우 저속한 비속어로 점철된 언어를 구사하는 반면, 어떤 사람은 매우 아름다운 시적 언어를 구사한다. 언어를 매개로 하여 천차만별 수준의 의사소통이 가능하다.
건축도 마찬가지이다. 아무리 질이 떨어지는 건축이라도 혹은 아름다운 공간을 자랑하는 건축이라도 이러한 건축적 어휘를 사용하지 않고 구축되는 것은 찾아보기 힘들다. 우리는 이러한 요소들의 조합과 상호작용의 조화를 통하여 좀 더 나은 건축을 만들어 나가게 된다. 이러한 요소들이 만들어내는 근본구조가 먼저 존재하고 우리는 그 구조의 한계 내에서 생활하게 된다.

우리가 일반적으로 이러한 건축의 기본적인 요소들을 가지고 가장 간단한 돔-이노 구조의 시스템으로 되어 있는 상가건물을 계획할 수도 있지만 또 다른 한편으로는 그리드 체계의 적절한 변주와 변형을 통해 시적 어휘를 구

20. 건축의 기본 어휘와 아이콘화

사하여 건축작품을 구축할 수도 있다. 그것은 전적으로 디자인하는 주체가 건축어휘를 기존 구조에서 어떻게 사용하느냐에 달려있는 것이다.
아래의 그림은 건축의 근본구조가 되는 요소들을 이용하여 전세계적으로 자주 사용되는 3 bay 시스템으로 구축된 평면이다. 기본구조에서 각 요소들의 겹침, 첨가, 삭제, 변환을 통해 다양한 건축어휘로 변환될 수 있음을 확인할 수 있다 . 복잡한 건축구성도 결국 앞서 살펴본 근본적인 건축요소들로 구성되며 그 요소들을 추출해낼 수 있다 . 결국 요소들간의 관계의 문제로 귀결된다.

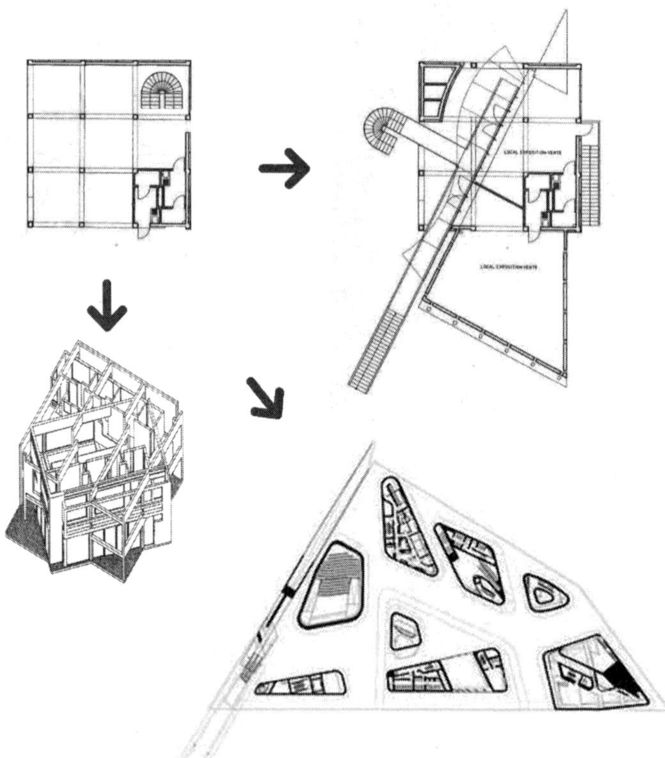

21

21. 건축 기본어휘를 사용하여 문장과 텍스트구조 생성

–푸코

구조주의는 차이를 가능하게 하는 관계(체계)가 먼저 존재하고 그 관계망을 통해 최초로 사물이 인간에게 출현하는 것으로 생각한다. 배치는 이러한 관계의 네트워크, 의식적, 무의식적으로 형성된 체계 내의 사물의 배열이다. 푸코는 인식의 기반이 되는 관계의 구도, 즉 지식의 체계를 '에피스테메episteme'라고 불렀다. 푸코는 그의 대표적인 구조주의적 관점의 저서『말과 사물』에서 이러한 체계의 근본적 특성에 대해서 탐구했다.

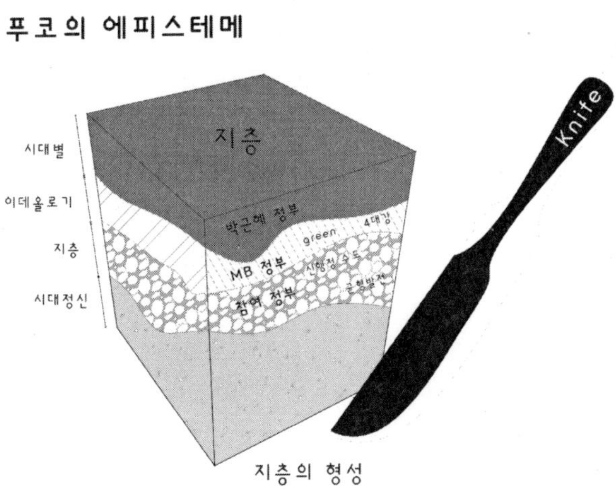

22

르페브르의 주장처럼 한 시대의 이데올로기는 그 시대의 지식을 만들고 그것이 하나의 진실이 되면서 지층이 된다. 시대가 지나 그 시대를 생각해보았을 때 우리는 그 시대를 그러한 틀로서 인지하고 인식하는 하나의 **'지층'**이 되었음을 깨달을 수 있다. 그 시대는 다시 우리의 일상과 정신을 지배하게 된다. 그에 따라 그 시대를 구분할 수 있는 지층이 형성되는 것이다. 쉽게 사례를 들어 보자. 정치에서 각 정권은 시대적 화두에 따라 추구하는 가치관과

22. 지층의 형성과 시대정신

행동방식이 다르다. 그 시기에 중요하다고 생각했던 요소들을 정책과 실천으로 실행하면서 그 정권의 가치관이 하나의 시대정신으로 굳어진다. 그 이후 다른 정권이 들어서게 되면 그 시대에 맞는 새로운 가치관을 내세우고 실행하게 된다. 새로운 정권이 들어서게 되면 지난 시대의 특성과 시대정신을 인식하게 되고 평가를 내릴 수 있게 되는데 이것이 하나의 지층이 되는 사례로 볼 수 있다. 지층은 서로 단절을 이루며 형성되고 시대정신이 된다.[3)]

그는 언어의 체계와 담론의 체계를 구별하고 담론실천의 체계를 지식의 기반으로 삼았다. 그 담론의 생산을 통제하고 선택하고 조직화하고 배분하는 과정을 지배하는 세 가지 힘이 있는데 그것은 금지, 분할, 진실과 허위의 대립(진리에의 의지)이다. 인간은 담론체계에 익숙해지고 숙련됨으로써 권력의 체계를 받아들이고 지식의 주체가 되면서 시대의 지층을 만들어나가는 주체에 참여한다.

이렇듯 푸코는 언어의 체계와 지식의 체계가 통제와 지배의 권력구조를 만들어내고 그것에 의해 관계들이 설정되어 체계화되는 인간사회의 심층 구조에 대해서 연구를 했다. 또한 6권에서 살펴보게 될 통제의 사유와 관련하여, 푸코는 근대시기에 이전에는 없었던 정신병원과 박물관 등의 새로운 시설들이 어떻게 발생하게 되었는지 대해서 계보적으로 연구함으로써 지식의 체계 및 권력의 체계가 어떻게 구조화되는지에 대해서 담론화하고 있다.

어그레스트Diana Agrest는 이데올로기를 자연과 사회, 그와 관련된 인간의 삶과 행위에 대한 재현이며 사회구조에 의해 인간이 의식적으로 수용하게 만들어 사회구조를 유지하게 하는 그 시대의 과학, 진실, 지식이 되고 하나의 지층이 된다고 주장한다.

3) 지층이 형성되고 단절을 이루게 되면 한 시대는 다른 시대와 연계성이 단절되는 것으로 인식된다. 이것은 변증법적인 매개적 발전방향을 사유했던 기존의 철학과는 구분되는 사유방식이다. 푸코는 사적유물론을 초월한 사유를 주장하는 것이다.

지층과 밀접한 관련을 맺게 되는 건축은 매우 이데올로기적이다. 그 시대의 가치와 사고관을 반영하고 있고 정치적인 상황과도 밀접하게 연관된다. 또한 건축은 생산과 소비의 대상이다. 그래서 정반합의 변증법적 프레임과 진보적 순환과정에 속한다고 말할 수도 있다. 이데올로기로서의 정正은 반대反되는 이론과 합合해져서 재정비된 이론으로서 진보되어야 하는데 건축에는 이러한 이데올로기와 제대로 된 반으로서의 이론이 정립되어 있지가 않았다고 비판받는다. 건축이론은 이데올로기와 변증법적 관계 위에 형성된 지식생산의 프로세스를 밟아야 한다는 것이 포스트모던 시기의 비평가들에게 설득력 있게 받아들여졌다. 그 시대의 시대정신을 충분히 반영한 것만이 온전하게 그 시대가 지났을 때 시대적 산물의 지층으로 인정받을 수 있을 것이다. 그 시대의 가치관과 과학 및 정당한 것으로 인정받고 지식화 되고 권력화되는 것에 건축은 매우 중요한 역할을 수행하고 있는 것이다.

–자크 라캉

자크 라캉Jacques Lacan은 프랑스 정신분석학자로 소쉬르에게 영향을 받아 형성시킨 이론을 바탕으로 하는 구조주의적 관점의 정신분석학을 주창했다. 자크 라캉 역시 인간의 무의식조차도 언어활동의 법칙으로 이해했다는 점이 의사이자 정신분석학자인 라캉의 아이덴티티를 성립시키게 했던 근본적 원인이 되었다. 라캉은 무의식조차도 언어활동처럼 구조화되어 나타난다고 생각했고 언어활동 역시 무의식에서 만들어냈다는 점을 강조한다. 따라서 프랑스인인 라캉은 무의식적 충동을 이기는 자아를 정립하는 것을 목표로 하는 미국의 정신치료 체계를 강하게 비판했다. 언어나 충동 역시 무의식인데 그것 자체를 이기도록 하는 것 자체가 어불성설이라는 것이다.

라캉은 무의식이 자본주의의 기본이 되었다고 주장했고 이것은 구조주의적 사유와 많은 부분 유사하다. 기표는 항상 기의와 분리되고 어느 한 쪽에 영구적으로 머물지 못한다. 기의만 정확하고 영구적이라면 기표는 시대나 상황에 따라 달리 결합되며 새로운 의미를 생성해낸다. 그래서 그는 기표와 기의는 항상 서로를 미끌어진다고 이야기한다. 기표의 영역은 상징적 질서의 영역이다. 말을 배우는 것은 인간세계의 상징적 질서의 체계 속으로 들어가는 것이고 이것을 라캉은 상징계라고 했다. 라캉의 미덕은 인간을 분석할 때 상징계는 상상계라는 거울의 비친 상(자아가 싹트는 단계)과 실재계라는 언어습득에서 결여되어 채워지지 않는 부분으로 구분했다.

그는 인간이 6-18개월 사이의 유아기 때 거울을 보고 최초로 자기 자신의 전신을 보게 되고 자기 자신과의 동일성에 대한 혼란과 함께 동일성을 획득하기 위해 투쟁상태에 놓인다는 주장을 내놓았다. 이때부터의 불안정은 불균형의 상태로 나타난다. 이른바 불균형상태의 거울보기 단계이다. 이때부터 유아는 소위 아버지라는 절대적인 상징계象徵界에 들어오게 된다.

이것에 대해 좀 더 자세히 말하면, 라캉의 정신분석은 무의식적 욕망의 주체를 중점적으로 사유했다. 사람은 태어나면서 극심한 고통을 경험하고 심지어는 자신의 몸의 일부인 탯줄이 잘리는 경험을 한다. 엄청난 고통을 당한 아기는 자신의 몸이 산산조각 난 것으로 오해하게 된다. 이것이 공격성으로 나타날 수 있다. 그러나 자아가 형성되고 거울을 보게 되어 자신이 온전한 것을 발견하게 되면 유아는 환희의 감정을 느끼게 된다. 이것이 라캉의 유명한 거울의 단계이다. 그리고 이것은 자기애(나르시즘)가 된다. 자아가 발달되기 전에는 타인의 신체를 보면서 자신의 정체성을 확인하게 되는데 이것이 계속적으로 기표와 기의가 미끌어지는 이중구조의 시작이 된다. 자신의 몸의 일부였고 헌신적으로 자신을 사랑하고 돌보는 어머니는 거울과 같은 존재가 되며 그것이 곧 오이디푸스 콤플렉스로 발전한다. 그러나 어머니와 완전한 한 몸이 아닌 자아는 곧 아버지라는 '절대적 법'을 만나게 된다. 상징적 남근을 소유하지 못하는 자아는 상징적으로 한몸이 되기 위해 먼길을 돌아가게 된다. 이 과정에서 아기는 언어세계에 들어서게 되는 것이다.

상징계는 언어와 의미의 차원이다. 유아는 언어를 통해 욕망을 표현하고 해결되는 것을 깨닫게 된다. 이후 언어의 네트워크 속의 상징계에 들어가게 된다. 그렇지 않으면 유아는 거울에 비치는 상과의 투쟁에서 벗어날 수 없다고 생각한다. 타인이 만든 언어로 속하게 되는 그 과정을 라캉은 '욕망은 타자의 언어이다'라고 표현한다. 그리고 '무의식은 언어의 구조를 갖는다'라는 말로 함축시킬 수 있다. 유아가 거울을 보면서 생기는 혼돈의 관계에서부터 언어의 그물망인 상징계로 들어오면서 언어를 통해 의사소통을 하게 되고 주체성을 확보할 수 있게 된다는 뜻이다. 이러한 과정이 매끄럽지 못할 때 '나'라는 자아를 잃어버리면서 정신분열증이 생기게 된다고 라캉은 생각했다.

앞서 언급한 바와 같이 아기는 거울의 단계에서 출생을 겪고 몸이 산산조각 나도록 찢기는 고통을 맛보게 된다. 거울을 통해 자기가 온전한 것을 인식하게 되어 환희에 빠지게 되며 자기몸에 대한 사랑이 생기는 것은 나르시즘이다. 이것은 자기동일성을 확인하는 과정이다. 이것과는 반대로 자기몸이 찢어지도록 고통을 당한 것에 반작용으로 타인에 대한 공격적 성향을 동시에 우리는 가지고 있다. 사람은 이러한 두 가지 정반대 성향이 뒤엉켜 살아가게 된다. 두 감정 모두 남에게 인정받고자 하는 소유욕과 같은 것이다. 누구나 소유욕이 있다. 그러나 그 소유의 욕망은 결코 채워지지 않는다. 어떤 한 가지가 채워지면 더 큰 욕망이 그 자리를 바꾸어 욕망하게 된다. 아기는 원래 엄마와 한 몸이었지만 타의에 의해 조각나게 되고 엄마와 합쳐지고 싶지만 아버지라는 살아있는 법을 만나게 된다. 이것은 상징적 남근으로 어머니는 소유할 수 없는 것이다. 아기는 어머니와 합쳐지기 위해 먼 길을 돌아가게 되는 언어활동이라는 상징적 활동에 진입하게 된다.

애드가 앨런 포우의 소설 '도둑맞은 편지'에서와 같이 주체에 생겨난 구멍을 메우기 위해 요청된 대상 역시 다시 상징계 안에서는 하나의 구멍이며 존재하지 않는다. 라캉은 프로이트 이래로 누구나 거치는 유아기에 상징계에 들어오게 되는 것, 언어의 구조나 관계의 구조에 들어오는 과정을 통해 인간이 심층 구조속에 속해서 들어가게 되는 과정을 연구함으로써 인간본유에 흐르는 심층 구조를 연구하고자 했다. 이를 통해 라캉은 무의식도 구조화 되어 있음을 밝힘으로써 구조속의 인간에 대한 인식을 더욱 확장시킨 중요한 공로를 세우게 되었다.

3006 후기 구조주의의 정의

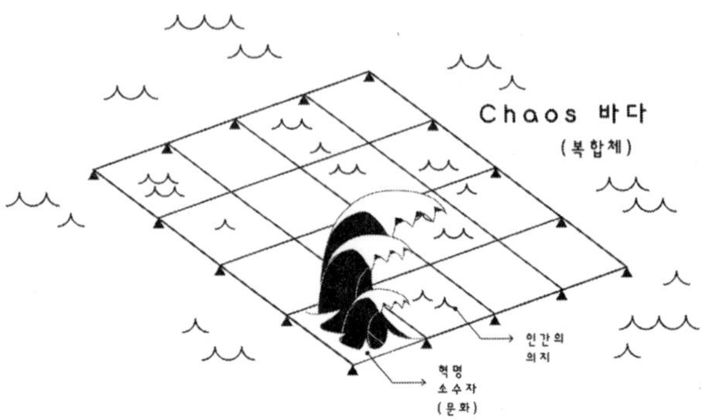

23

그렇다면 우리가 말하는 후기 구조주의라는 단어와 학문체계는 어떻게 이해해야 하는 것일까? '후기 구조주의' 라는 단어에는 '구조주의'라는 단어가 들어가 있다. 그리고 후기post라는 단어도 같이 덧붙여져 있다. 여기서 후기를 영어로 하면 'post'라는 접두어인데 이것을 어떻게 바라보아야 할 지에 대해서 고민해야 한다. 여기서 '후기'라는 단어가 구조주의의 연속(이후)인지 혹은 구조주의를 벗어난 '탈脫'의 의미인지에 대해서 많은 논쟁이 있었다. 포스트모더니즘도 마찬가지이다. 포스트모더니즘에서의 post의 논쟁에 대해

23. 카오스 바다 위의 구조와 변혁의 메커니즘

서는 이후 4권에서 논의할 것이다. 후기 구조주의는 구조주의적인 사고를 일단 인정하고 그러한 사유가 밑바탕이 되고 있다고 생각하면 좀 더 편리하다. 다만, '구조주의'란 '구조 이면에 흐르는 욕망이 존재한다'는 것을 인식하고 그러한 욕망체계가 어떻게 움직이고 있는지를 연구하는 사람들을 편의상 한 범주에 묶어 분류한 것으로 생각할 필요가 있다.

외견상 구조주의의 틀은 매우 견고한 듯 느껴지고 정말 인간세계가 이렇게 구조가 먼저 존재하여 인간은 그 구조속에서 생각하고 행동하는 듯 보일 수 있다.

그러나 인간세상은 그렇게 간단하게 이루어지지만은 않았다. 어느 부분에서는 구조를 깨기도 하고, 뚫고 나오기도 하고, 구조와 반응해 변종을 낳기도 한다. 혁명이나 변혁이 그런 대표적인 사례이다. 쉽게 이해하자면 욕망이라는 바다 혹은 카오스(혼돈)의 바다 위에 떠있는 섬과 같은 것이 구조주의의 구조이다. 이렇게 얼기설기 얽혀 있는 구조들 밑에서는 거대한 욕망이 흐르고 이러한 욕망은 때때로 거칠게 구조를 뚫고 나온다는 것이다. 이러한 힘을 사유하는 것이 바로 후기 구조주의라고 생각하면 쉽다.

'하늘아래 새로운 것은 아무 것도 없다'라고 주장한 구조주의자들에게 혁명, 소수자의 문화(게이, 가학성변태, 변종의 문화 등)을 설명하라고 한다면 어떻게 이야기할 수 있을 것인가? 세상에는 구조주의가 중시하는 근본구조만으로는 이야기하거나 설명할 수 없는 변종적 요소들이 많이 존재한다는 점에 독자들은 동의할 수 있을 것이다.

푸코의 경우에는 후기 구조주의를 약간 다르게 이해하여 자신의 사유를 전개하고 있다. 그는 지식체계는 일정 시기가 지나면 다음 시기로 넘어가면서 새로운 층을 만들고 지층과 같이 퇴적되며 새로 생성되고 역사가 되지만, 그것을 움직이는 권력의 욕망과 권력체계는 물에 떠다니는 기름과 같이 계속해서 등등 떠다니며 새롭게 재탄생하는 과정을 거듭한다고 보았다. 역시 카오스라는 욕망의 바다에 구조가 있다는 표현과 일맥상통함을 느낄 수 있을 것이다. 인간의 의지로 변화되는 부분들은 잔물결로 상징할 수 있다.
들뢰즈는 우리가 앞서 생각한 개인이라는 주체보다는 하부의 거대한 욕망이 운동하면서 새롭게 구조를 뚫거나 허물면서 새로운 구조를 만들어나가는 과정(사건, 생성)에 주목하여 사유했으며 끊임없이 변화해 나가는 과정과 관계에 대해서 논하고 있다.
이러한 사유체계가 등장하게 된 근본적인 원인은 1968년도를 기점으로 하여 전 세계적으로 일어났던 기존 체제에 대한 저항운동 내지는 학생혁명운동과 밀접한 관련을 맺고 있다.

들뢰즈가 언급하는 구조주의의 글이 있는데 이에 대해서는 후기 구조주의를 언급하면서 자세히 살펴보기로 하고, 여기서는 그가 말하는 구조주의(후기 구조주의를 말하는 것)를 살펴봄으로써 후기 구조주의가 주목하고 있는 화두를 살펴보는 것이 유익하다.

그가 말하는 구조주의의 7가지 특성이 있는데 그것은 첫째, 상징적인 것, 둘째, 장소 또는 위치, 셋째, 미분적인 것, 넷째, 차이화하는 것(분화하는 것, 현실화하는 것, 적분되는 것, 차이화(분화, 현실화, 적분), 다섯째, 계열적, 여섯째, 빈 칸(역설적인 대상)이며, 일곱째, 주체에서 실천으로 등이다.
우리가 앞서 살펴본 바와 같이 구조주의적 특성을 보이는 것은 상징적인 것과 장소 또는 위치(공간적 시간적 개념), 계열적인 것(유형화될 수 있는 요소들)등이 구조주의의 연구대상이었다. 이것은 후기 구조주의를 설명하는 다이어그램에서처럼 카오스 바다 위의 둥둥 떠있는 구조를 의미한다. 후기 구조주의는 그 구조에 집중한다기 보다는 그 구조 이면의 거대한 욕망의 바다인 카오스가 그 구조를 어떻게 끊임없이 파괴하고 넘보고 변화시키는가에 대해 집중한다. 따라서 셋째, 넷째, 여섯째, 일곱째의 요소들은 모두가 변화와 운동을 통해 변혁을 일으킬 수 있는 요소들에 대한 사유와 관련이 있는 부분이다. 이것이 주로 후기 구조주의에서 집중하는 사유대상이 되었다. 세상에는 이미 구조가 있고 그 구조 안에서만 우리는 움직이며 새로운 것은 있을 수 없다는 구조주의의 사유에서 한 차원 더 진보한 사유라고 보아야 할 것이다. 현재로서는 구조주의만 다루고 있기 때문에 후기 구조주의에 대해서는 현대철학과 현대건축에서 매우 중대한 영향력을 가지고 있으므로 6권, 7권에서 좀 더 자세히 살펴보도록 할 것이다.

구조주의를 간단히 요약하여 표현한다면 반(反)의식의 철학이라 부를 수 있을 것이다. 구조주의 학문중 대표적인 정신분석학은 기존 철학의 의식적인 영역(표피적 현상에 집중)의 관심을 무의식 쪽으로 이동시키는데 결정적인 역할을 수행했다.

초기 구조주의는 구조 자체에 집중하여 연구했지만 곧 구조 외적인 것, 혹은 구조 심층에 흐르는 것에 집중하게 된다. 사실은 후기 구조주의의 화두로 관심이 이동된 것처럼 구조라는 것은 고착된 실체 자체를 이야기하는 것이 아니다. 원래 언어학의 근본구조를 살펴보면 의미는 의미의 실체에서 발견되는 것이 아니라 구조에서 발견된다. 즉, 무의식의 언어(구조)가 오히려 더 불변의 기본이 되는 것을 역설하는 것이다. 구조주의는 절대적 신의 지위를 누렸던 중세 기독교와 변증법적 매개방식으로 역사의 발전방향을 중시한 마르크시즘에 결정적인 타격을 입혔다. 또한 주체의 자의식을 중심으로 하는 현상학적 휴머니즘의 흐름도 배격했다.

구조는 세계관을 만들 수 있게 해주는 네트워크 구조체계로 말할 수 있다. 우리는 구조를 통해 구조 안의 심상과 욕망을 쓸 수 있도록 하는 소위 경험의 구조를 만들어 준다. 초기 구조주의는 외적 구조에 집중하여 연구했지만 후기 구조주의에서는 인간의 경험과 기억의 욕망과 같은 구조를 연구하는데 관심을 집중했으며, 구조와 관념을 은유라는 주제로 탐구하여 언어체계 차원 너머에 존재하는 인간의 무의식에 좀 더 쉽게 다가갈 수 있는 방법론이다.

구조주의의 가장 큰 미덕은 어떻게 보면 구조 이면의 욕망을 분별하여 담론화시킬 수 있도록 길을 닦아놓았다는 점에 있다고 볼 수 있다. 빛이 있음으로 해서 어두움과 악을 구별할 있듯이 근본구조가 없다면 구별하고 담론화할 수 있는 것 자체가 없으며 절대선이 있어야 절대악이 존재할 수 있는 것과 유사하다. 그래서 빛과 어두움이 섞여 있는 혼돈의 시기를 거치고 난 이후, 이성적 구조를 세우는 과정은 필연적으로 어두움에 해당되는 부분이 구별되어 억압되거나 무시되는 요소와 관계가 있음을 상기할 필요가 있다.

건축 유형학과

PART 2

과학적, 심리적 도시분석 및 표현

건축분야에서 구조주의와 관련되는 영역

현상학의 의의는 주체와 이성을 중시하는 사고의 폐해에 적절하게 대응하는 사고를 통해 인류가 경험했던 이성의 진보적인 측면은 수용하면서 폐해적인 측면을 극복하고자 하는 움직임을 보였다는 점에 있다. 물론, 건축에 있어서 가장 근본적인 컨텍스트를 중시하고 인간의 감각을 중시하는 현상학적 건축경향의 당위성을 부정할 수 없음은 당연하다. 그러나 다른 한편으로 현상학은 사회적으로 강력한 힘을 가지고 변화시키는 부분에 있어서는 아무래도 파워가 약한 듯 보이는 것도 사실이다. 실존주의 철학의 흐름이 정치적 참여를 이끌고 담론화되었지만 곧 쇠락의 길을 걸은 것 역시 이와 무관하지 않다. 구조주의는 현상학의 한계를 보완하는 다른 측면의 방법론에 주목한다.

건축부문에서 구조주의와 관련된 화두는 다음과 같다.

- 건축 유형학은 무엇인가?
- 껭시와 듀랑의 건축 유형학의 차이는 무엇인가?
- 20세기 중반의 건축 유형학 이론의 방향은 어떻게 진행되었는가?
- 건축 유형학은 구조주의적 사고인가?
- 유형학의 위험성은 무엇인가?
- 알렉산더의 패턴 랭귀지 작업의 의미는?
- 케빈 린치의 도시이미지 작업의 의미는?

국제주의 양식과 같은 이성중심의 합리성은 근대건축에서도 가장 핵심적인 내용이자 가치로서 구조, 재료, 시공과 같은 물리적 측면에서뿐만 아니라 사용가치와 미학적 측면까지 규제하던 지도이념이었다. 현상학적인 흐름과 같이 장소성을 중시하고 인간적 가치와 존재를 중시하는 건축적 흐름들도 자본의 힘과 폐해 앞에서는 강력하게 대항하기 힘든 것이 현실이다.

구조주의 철학자들은 구조주의적인 학문경향이 현상학의 비과학적이고 주관적인 부분을 보완할 수 있는 방법론이 될 수 있다고 믿었다. 구조주의의 특성이 우리의 생활과 경험과 밀접하게 관련이 있는 인문적 내용들을 이성적이고 합리적인 방법으로 밝혀내는 특성이 있기 때문이다. 이러한 사유에 영향을 받아 건축분야의 구조주의 건축을 추구했던 건축가들은 건축의 표현과 건축이 형성되는 근본적인 구조 자체를 객관적이고 과학적으로 연구하여 그 지역의 구조에 맞는 요소들을 선택하고 조합할 수 있는 방법론으로 발전시켰다. 그렇게 하기 위해서는 우선 건축분야에서 무언가 근본적인 구조에 대한 탐구가 필요하다. 구조주의는 현상학과 이후 포스트모더니즘으로 넘어가는 시기에 도출되었던 사고체계로 건축계에서도 구조주의에 영향을 받아 구조주의적 관점으로 이론을 전개시키고 건축작품을 진행한 학자와 건축가들이 존재한다. 오늘날에도 구조주의적인 성향의 건축적 요소들이 보이는 건축적 양상도 다양하게 존재한다.

그중에서 '건축 유형학'은 인류가 만들어왔던 건축적 유형을 분류하여 유형을 이루는 근본 법칙을 연구했다는 점에서 구조주의적인 접근 방식이라고 할 수 있고 담론화되었던 시기도 구조주의의 발생과 일치한다. 건축가들은 선조의 지혜가 녹아있는 옛 사례들을 분석한 유형학을 통해서 오랜 시간에 걸쳐 형성된 형태들을 재해석하고 현대에 맞게 재구성할 수 있는 기초적인 요소들을 획득했고 그것들을 현대성에 맞게 재조합하는 방식으로 접근했다.

3007 건축 유형학의 정의

유형은 모든 학문의 기본이다.

유형 속에는 질서, 명료함, 단순성에 대한 경향과 욕구가 드러나게 되는데 이것은 모든 학문이 무언가를 정리하고자 할 때 사용하는 대표적인 방법론이라고 볼 수 있다. 유형은 전파력이 강한 구성개념이다. 유형이 없다면 유사성을 인식할 수 없고 차이를 구분할 수도 없을 것이다. 유형은 매우 고도의 정신적 행위이기 때문이다. 유형과 패턴을 인식하는 것은 7권에서 살펴볼 예정이며 들뢰즈의 차이와 반복의 개념에서 차이를 구별하는 것 역시 이러한 생각에서 시작한다고도 볼 수 있다.

무언가를 분류하고 일정한 틀에 집어넣는 지식의 집적 작용으로서의 유형화는 프레임 안에 종속시키는 일이며 일종의 억압적 작업으로 이해할 수 있다. 그러나 유형으로 우리는 억압받는 것만은 아니다. 우리는 그것을 통해 자유로와지기도 한다. 유형을 통해 우리는 선조로부터 내려온 지식을 손쉽게 전달받고 동시대성을 새롭게 가미하여 창조적 재생산을 가능하도록 하는 잠재성을 가지게 된다. 그것은 학문의 장점이기도 하다.

유형은 문화와 사회를 반영하여 구분하기 때문에 변화의 여지가 많은 것이 사실이다. 고정되어 있는 것이 아니라 유형학typology은 유형에 따라 여러 가지 형型을 구분하여 분류하고 논리적으로 구축할 수 있게 하는 힘이 있다. 그러나 한편으로 유형학적인 행위는 형태적 구조를 공유하는 집합체로 묘사할 수 있으며 모든 지식활동인 학문의 근본적인 과정이라고 볼 수 있다. 따라서 유형은 합리적(이성적)인 시각에서 근본구조와 지역의 각종 문화적 요소들에 대해서 분석하기 때문에 구조주의적인 시각에서 접근하게 되는 특성을 보인다.

건축 유형학은 1960년대 말에 등장한 흐름으로 합리적인 실증주의적 방식에 기초하여 유형을 정리하여 실제에 적용하는 방법론이다. 현상학적 흐름은 이후 70년대 포스트모더니즘 사조로 넘어오는 과정에서 구조주의의 발전으로 인해 20세기의 유형학으로 자리잡았다. 유형학은 추상적인 자연이나 기술적인 유토피아의 진보적 이상향이 아니라 재조합시키는 혼성적인 방법론을 사용한다. 구조주의적 접근방식으로 이해할 수 있는 건축 유형학은 현상학에서의 주체성의 객관적 내용과 인문적, 문화적 근본 구조를 이해하기 위한 틀로 작용했다.

문화 및 역사의 일부인 건축 유형학 이론은 과거로부터 축적된 지식을 대변하며 과거로부터 존재한 형태를 통해 역사적 의미를 계승하게 된다. '건물 유형은 단순히 틀에 박힌 건축어휘로 이용되어서는 안 되며 도시적 가치나 역사적 가치를 인식하고 건물들 간의 작은 부분적 관계뿐만 아니라 보다 큰 맥락에서 주위의 컨텍스트와 연계시켜 계획하는 것이 바람직할 것이다.

3008 껭시와 듀랑의 건축 유형학

서구에서 유형학적으로 접근했던 계보는 다음과 같다.

우선 드 껭시는De Quincy는 모든 건축은 3가지 유형에서 발산되었다고 주장하는데 첫 번째는 그리스 건축에서 볼 수 있는 목재건축의 구법이며 이집트 건축과 같은 동굴과 같은 유형, 그리고 중국의 텐트식 건축이라고 이야기 한다. 특히 여기서 첫 번째 그리스 건축을 목재건축에 비유하면서 언급한 것은 당시 로지에의 원초적 오두막Primitive Hut에 따른 것이며 이것은 18세기 당시의 이성중심의 계몽주의 사상이 만연하던 시기에 영향을 받은 것으로 볼 수 있다. 당시의 신고전주의 양식이 유행하면서 서구문명의 근본인 그리스 시대의 순수건축양식으로 돌아가자고 주장한 껭시는 건물 유

24. 드 껭시의 초상

형이 복제와는 다른 은유적 디자인을 제공하고 있다. 그는 건물의 유형적 특성(아이덴티티)이 기하학적 요소의 조합으로 존재한다고 보았다. 껭시는 당시 유명했던 65개의 건물과 10개의 주요 디테일을 알파벳순으로 분류했다. 그는 이같은 분류를 통해서 더욱 훌륭한 복합 건물을 구성할 수 있다고 생각했다. 그러나 당시 껭시는 이러한 각각의 유형이 지역의 특성에 따라 달리 진화해온 것으로 파악하여 단순한 스타일의 분류에만 머문 한계가 있다.

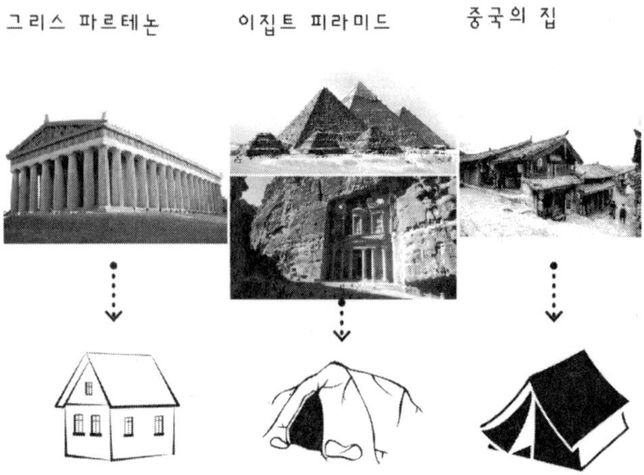

25

이후 듀랑L. Durand은 유형을 분석수단으로 사용할 수 있음을 주장했다. 물리적 장소에서 일반화될 수 있는 것에 대해서 살펴보면서 특정한 특성에 초점을 두고 있으며 그것을 일반화하고 표준화하고 비교하는 것이 곧 유형학의 근본으로 볼 수 있다. 듀랑의 경우, 우선 합리적 이성을 바탕으로 지역건축의 평면 및 입면 및 요소 등을 분류화하여 객관적이고 과학적으로 조합할 수 있는 분류학적 대기소pool을 만들었다. 이를 통해 당시의 산업화, 기계화, 프리패브화, 수정궁 등으로 대표되는 분위기에 발맞추어 대량생산을 할 수 있

25. 드 껭시의 건축구분

는 조합가능한 분류기준을 제시했다. 문화적, 역사적 의미가 결여된 상태에서 동시대에 걸 맞는 새로운 문화를 탄생시키기 보다는 생산에 초점을 두었기 때문이다.

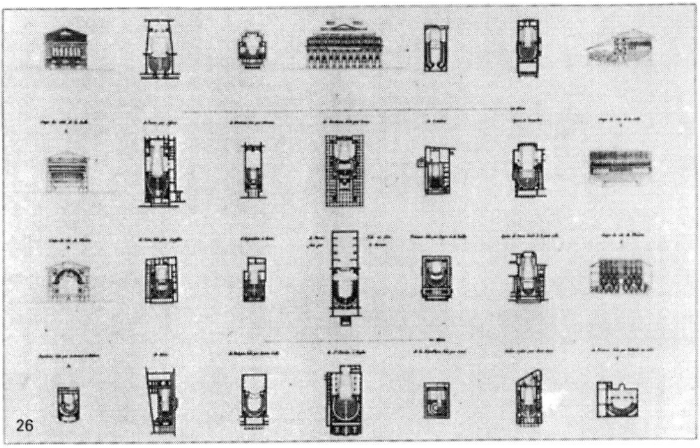

주지하는 바와 같이 건축분야는 여러 가지 외적 변수에 영향을 받아 물질화되는 학문분야이다. 건축은 풍토와 사회, 경제, 정치적 제반조건에 따라 다양한 해결책이 나올 수 있다. 특히 풍토나 기후에 따라서 그 지역에서 쉽게 찾을 수 있는 풍부한 재료를 중심으로 구축되어 다른 지역과 차이를 보이는 건축 유형이 나오게 된다. 건축 유형은 원래 지역성에 기반을 두고 있는 경우가 대부분이다. 또한 건축 유형은 오랜 기간 그 지역에 살면서 선조들이 경험한 지혜가 녹아있는 것들이 점차 굳어져서 나타난다. 건축 유형학은 초기 형태론적인 역할에서 출발하여 20세기 중반 이후 도시조직까지 의미를 탐구하는 수준으로 확대되었다.

초기형태의 건축 유형학은 19세기에 꼉시와 듀랑에 의해 실험되었지만, 그것은 단순한 분류와 조합방식의 수준을 넘어서지 못했다. 그의 작품은 신고

26. 듀랑의 분류학적 풀Pool

전주의가 유행했던 시기에 그리스의 고전적 정신으로 다시 돌아가자는 구호와 함께 계몽주의에 입각한 구조적 합리성을 추구하고 객관적이면서 과학적인 건축 디자인 요소의 분류 시스템을 만들었다는데 그 의의가 있다.

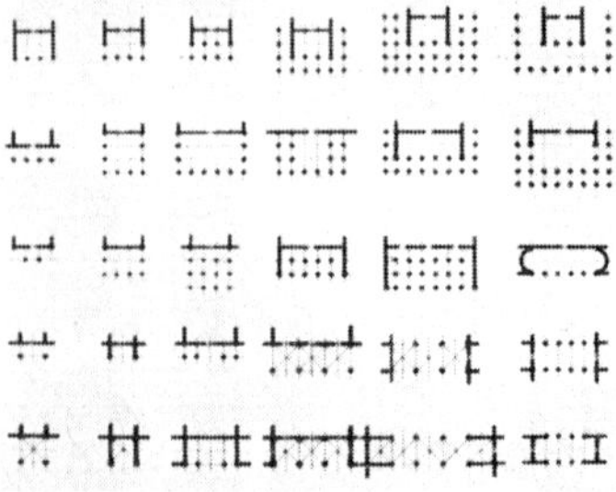

27

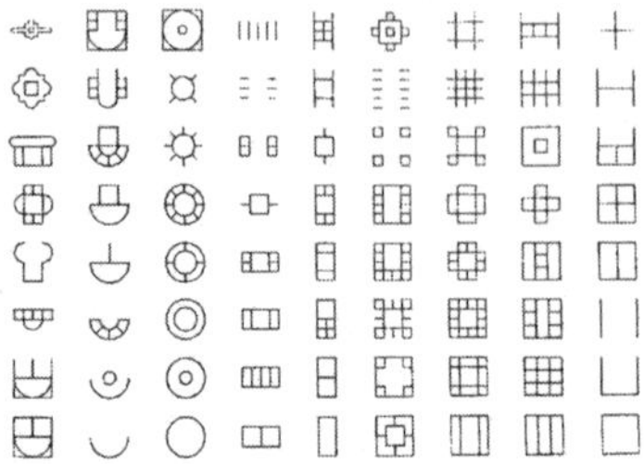

28

듀랑은 우선 과거 건축의 요소들을 보편적인 건축원리로 전환시키는 것이 디자인 진행과정에 있어서는 생산력을 높이고 새로운 창조적 조합을 이끌어낼 수 있는 방법론으로 생각했다. 건축 유형학의 과학적 분석방식은 기능에 따라 건물 형태를 분류하여 체계적으로 범주화시키는 경향이 있고 이미 형성된 일련의 이미지들을 통해 건축 환경을 만들어나가는데 상호작용을 할 수 있다고 믿었다. 그것은 기능과 형태별로 분류하여 카테고리를 만드는 것(범주화시키는 것)이며 건물들을 유형별로 구분하여 분류하는 것으로 볼 수 있다. 건축 유형학에서 과학적 접근방식은 건물 유형을 다루는데 있어서 분석적, 과학적 조합을 할 수 있는 가능성이 그만큼 커진다는 것을 의미하는 것이기도 하다.

3009 20세기 중반 이후 건축 유형학 이론

위에서 살펴본 바와 같이 19세기 신고전주의가 유행하던 시기는 고대 그리스 양식을 되살리자는 구호 하에 계몽적인 정신을 중시하는 분위기였다. 시민혁명으로 시민계급이 권력을 잡게 되어 모든 시민이 평등한 이상적, 인본

27. 듀랑의 평면 유형
28. 듀랑의 평면 유형 다이어그램

29

주의적 정신을 실현해야 한다는 시기로 당시는 이성적 방식으로 유형을 분류하여 순수했던 그리스의 옛정신으로 돌아가자는 신고전주의 시대였으며 그에 걸맞는 건물을 새롭게 재창조하고자 하는 시대정신이 있었다. 그리스 시대와 같은 순수한 이성의 시대, 다시 한번 르네상스를 재현하자는 움직임이 강했던 시대였기 때문이다. 따라서 근대 이전의 건축 유형학 이론에서 건물 유형은 단순히 건축의 분류적 디자인 접근을 강조하는 수준이었다. 분류 유형은 단순히 상징적 형태를 강조하고 있다. 무수히 많은 건축사례들 중 유형의 조합이 곧 건축적 구성으로 이어질 수 있다고 생각했던 것이다. 이 과정은 단순히 건축의 분류적 디자인 접근을 강조하는 것이었다.

이후 과학기술의 비약적 발전 및 산업혁명이 동반되며 모더니즘의 시대가 도래했다. 자연스럽게 장식의 배제와 기능적 건물이 우세해지는 등, 이성의 발전에 따른 양상으로 건축분야도 끊임없는 비약적인 진보의 길에 접어들게 되었다. 이 시기에는 당연히 19세기에 유행했던 신고전주의식의 건물을 구축하는 경향이 줄어들고 본격적으로 당시 시대적 상황에 맞는 모던건축이 실험되었으므로 유형학의 이론이 수면 아래로 가라앉은 것은 어찌 보면 당연한 것이라고 할 수 있을 것이다.

20세기 중반에 이르러 양차 세계대전 이후 이성에 대한 반성과 함께 이성의 폐해와 모던건물에 대해서도 본격적으로 비판적 움직임이 일어나기 시작했다. 이런 상황에서 건축분야에도 새롭게 유형을 바라보고 새로운 건축의 흐름을 만들어나가려는 움직임이 다시 일어나기 시작했던 것이다.

29. 쉉켈의 알테스 뮤지엄 투시도

3010 건축 유형학은 구조주의적 사고인가

유형과 관련된 사항을 잘 이해하면 지역을 중심으로 하는 풍토건축의 본질을 이해할 수 있는 기초가 마련될 수 있다. 유형은 우리를 둘러싸고 있는 세계와 역사와 직접적으로 관련이 있기 때문이며 또한 연속적인 시간의 흐름에 따른 사건들과 관계를 맺으면서 나타나는 공통된 형식의 구조를 발견하는 것이 가능하기 때문이다.

유형학은 과학적인 방식으로 기존의 역사적 건축이나 주거건축 유형들을 체계적으로 분류하고 그 속의 심층 구조의 체계를 밝혀내어 재창조하는 것을 가능하게 하는 측면이 있다. 따라서 합리적 이성으로 문화전반을 분석하는 건축 유형학은 근본적으로 구조주의적인 속성을 보인다. 그러나 건축은 인간의 삶을 담는 그릇이자 한편으로 상징적인 표현을 함께 담는 분야이기도 하다. 상징과 표현을 담는다는 것은 인간의 심리적인 내용과 주관성을 포함하고 있기 때문에 상당부분은 인류 공통의 체계로 묶는다는 것이 쉽지 않다. 각 문명권에 따라 건축적 표현 및 구조, 장식 등이 모두 상이한 것을 우리는 인식하고 있다. 또한 건축과 인류 생활양식 역시 그 지역의 풍토(지역적 특색, 지리, 기후)에 절대적인 영향을 받는 점도 마찬가지이다. 이렇게 다른 풍토에서 나오는 관습과 문화는 건축에도 절대적인 영향을 끼치고 가치관에도 많은 영향을 주면서 다양한 특성이 드러난다. 건축적 표현과 유형 역시 지역마다 상당히 다른 특성을 보인다. 이것을 인류 공통의 어떤 요소로 묶는다는 것은 사실상 불가능하다. 다만, 한 지역을 묶어서 생각할 수는 있을 것이다. 각 문명권에 따른 유형적 차이가 발생하는 이유는 간단히 말해 제반여건이 다르기 때문이다. 그 지역의 풍토가 가장 큰 영향을 미치고 오랜 세월 다른 풍토에서 인간은 다른 방식의 응전을 통해 유형을 정착시켜 왔기 때문이다. 유럽, 동북아, 아프리카 등의 4대 문명권에서 나타났던 부분으로 분류하여 생각할 수는 있을 것이다. 그러나 근본구조에 있어서 조금씩은 다른 특성이 제각각 다른 건축 유형으로 분류되어 나타나기 때문에 100퍼센트 구조주의와 일치한다고 보는 것에는 무리가 따른다.

3011 유형학의 위험성과 극복과제

유형학을 사유하는데 어려운 점을 들면 다음과 같다. 건축분야에서 자타가 공인하는 대표적인 대가 중 한명인 르 꼬르뷔지에가 활동하던 당시의 산업생산력은 이전의 역사와 비교할 수 없을 정도로 폭발적으로 확장되고 있었다. 열정적으로 활동하던 이 대 건축가에게 건축과 같은 오브제와 도시구조는 자연스럽게 일상생활에서 대량으로 생산되는 산업생산물과 같은 표준생산물로 받아들여졌을 것이다. 같은 시기 바우하우스에서는 대량생산에 초점을 맞춘 디자인 교육도 대규모로 이루어졌다. 1권에서 언급한 바와 같이 그의 건축은 새로운 시대의 건축을 위해 새로운 기계시대의 기술적 모럴에 맞춘 모더니즘 미학을 주장한 것이었고 그에 따른 5원칙의 교리를 전파하였다. 그것은 곧 국제주의 양식의 기본적인 원칙이 되었고 전 세계로 빠르게 확산되어 오늘날 현대 건축의 유전자가 되었다. 당시 르 꼬르뷔지에는 '주택은 살기위한 기계이다!' 라는 슬로건과 함께 자동차를 생산하는 것과 같이 주거를 빠르고 편리하게 양산시킬 수 있는 기계와 같은 시트로엥 주택 시리즈를 제안하기도 했다. 이제는 전 세계 대도시에서 그의 원칙이 사용되지 않는 건축물이 거의 없다고 할 정도로 광범위하게 사용되고 있으며 기본적인 것이 되었다.

실증주의적, 과학적 접근방식의 건축 유형은 일반적으로 건축형태를 분류하여 체계적으로 범주화시키는 경향이 강하다. 따라서 1권에서 살펴본 바와 같이 건축 유형학에는 위험한 부분이 있다. 이전에도 설명했듯이 **'동일성에 대한 믿음으로 생겨나는 폭력성'**이 그것이다. 분류하는 주체가 무언가를 분류할 때 주체는 분류하는 것이 과연 올바른 것인지 아닌지 어떻게 판단할 것인가? 객관적이라고 생각하는 유형, 원형, 기준, 표준 등의 많은 단어를 사용하여 유형을 분류하는데 그 기준, 표준이라는 것이 과연 정확한 것일까? 분류하는 각 객체들이 거의 비슷하지만 실제로는 조그마한 차이가 있기도 하

30

31

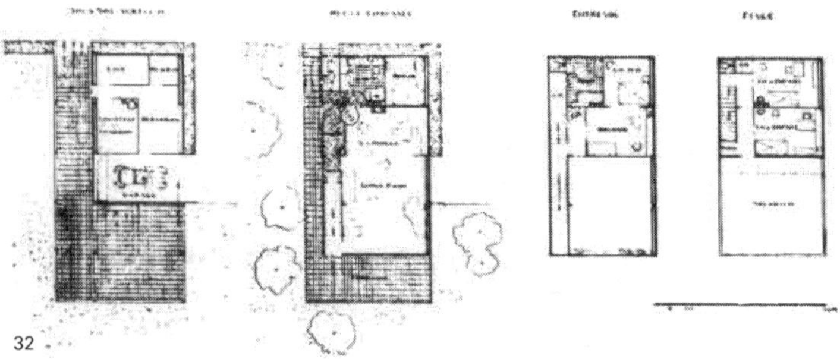
32

33

30. 초기 시트로앵 주택
31. 후기의 시트로앵 주택
32. 후기 시트로앵 주택 평면
33. 후기 시트로앵 주택 모델

고 때로는 그 조그마한 차이가 매우 다른 차이를 만드는 잠재성을 내포하고 있는 것이라면 어떻게 생각해야 할 것인가? 사실, 건축 유형학이라는 학문 분야는 구조주의적 사고방식과 변증법적 사고체계가 결합되어 있는 것으로 생각할 수 있다.

따라서, 1권의 논의의 연장선상에서 유형학의 위험성을 간단히 표현하면 다음과 같다.

구조주의적 사고(근본적 법칙) + 변증법적 사고체계(유형 끼워넣기-계열화시키기) 등으로 표현할 수 있을 것이다. 달리 말해 '인류 공통의 혹은 지역 공통의 근본적 건축법칙과 유사한 것들끼리 묶어 이것은 같은 것이다.' 라고 계열화 시키는 것이 그것이다. 그래서 건축 유형학을 공부할 때 우리는 무언가 역설적인 상황을 경험하게 된다. 다음의 문장을 보면 그러한 상황을 이해할 수 있다.

"건축가는 건축 유형학을 열심히 배우되 버려야 한다." 다시 말해, 건축을 잘 알기 위해 건축 유형학을 열심히 공부해야 하지만, '그것이 전부다'라는 혹은 '이것이 만능이다' 라는 생각은 버려야 하며 유형을 기본으로 하여 현대성에 맞는 창조적 공간과 표현을 추구해야 한다는 것이다. 어느 정도 유형적 내공이 쌓이게 되면 창조적으로 건축을 재탄생시키기 위해 이러한 기본적 생각의 틀 자체를 모두 버리고 다시 시작해야 한다는 의미일 것이다. 한편 유형을 벗어나는 조그마한 차이를 만들어내는 사항에도 우리는 주의를 기울여야 한다. 요즈음 주목받는 건축물들 가운데에는 사실 남들이 지나치기 쉬운 조그마한 차이를 잘 드러내어 호평받고 있는 작품들이 많다.

위에서 살펴보았듯이, 건축 유형학의 관심과 중요성은 각각 다른 시대적 배경, 문화적 배경, 장소성과 목적에 따라 변형되어 왔기 때문에 무언가 건축 디자인 이론으로서의 확고한 자리를 점유하지 못했던 측면이 있다. 그도 그

렬 것이 건축 유형의 현상학적 시각은 상당부분 경험주의에 근거하여 쌓인 지식이 함축된 모델의 개념이며 역사와 문화에 영향을 받은 현상학적 형태의 표현을 의미하기 때문이다. 따라서, 유형학은 전적으로 논리적인 학문적 분야가 되기는 힘든 한계를 가지고 있는 것이 사실이다.
합리적으로 건축 유형을 분석하지만 결국 포스트모던의 옛 건축어휘의 조합과 이미지에 종속되기 쉽다는 약점을 가지고 있기도 하다. 유형학에는 일정부분 인문학적 감성과 기억과 직관이 작용하기도 하기 때문이다. 유형이라는 단어는 전적으로 모방하거나 복제하기 위한 어떠한 상(이미지)을 뜻하는 것이 아니라 원형을 구성하는 규준rule으로서의 의미가 더 강한 측면이 있다.

19세기에는 거의 형태와 관련된 장식적 요소와 오더들의 요소들과 관련해서 서구적 시각의 유형학이 발달했다. 따라서 건축 유형학을 떠올린다면 쉽게 입면 및 평면유형을 조합하여 새로운 것을 만드는 시스템 정도로 생각하기 쉽다. 그러나 건축 유형학을 형태학과 혼돈해서는 곤란하다. 건축 유형학에서 중요한 것은 건물의 이용과 목적에 따른 분류를 통해 새로운 시대적 공간을 만들어내는 것에 진정한 목적이 있기 때문이다. 단순히 외관과 관련된 유형학적 분류와 적용은 단순한 카피의 변용에 불과하기 때문일 것이다. 어떤 면에서 건축 유형학은 건물의 양식(스타일, 장식)과 관련이 있지만 그것과 정확하게 일치하는 것은 아니다. 형태와 기능이 유기적으로 연계되고 새롭게 재창조를 통해 조정한 의미를 갖게 된다. 새로운 디자인에 앞서 유사한 선례들을 기능 및 컨텍스트, 이용자의 요구조건을 바탕으로 참고할 뿐 형태가 주된 참고요소로 되어서는 시대성을 담는 좋은 작품으로 거듭나기 힘들다.

앞서 살펴본 껭시의 유형학과는 달리 활발한 산업화의 시대에 살고 있었던 르 꼬르뷔지에는 건물 유형이 건축의 기본형을 창조하기 위한 실용적 모델이고 표준적 건물 유형의 수립을 통해 건축 디자인은 더욱 완성될 수 있다고 생각했다. 신고전주의 시대의 인물인 꼉시의 목적과 전후 위생적인 주택을 대량생산해야 하는 시대적 상황과 직면하고 있던 그에게는 유형자체도 꼉시와는 다른 방식으로 사유하고 있음을 확인할 수 있다. 이처럼 건물 유형은 준비된 해결책이 아니라 당시의 시대 분위기에서 나오게 되는 주된 문제를 해결할 수 있는 건축의 디자인 솔루션의 틀을 제공하게 된다.

건축 유형학이란 시스템적인 조합으로 만들어진 건물들이 단순히 대량생산될 수 있는 수단으로 그친다면 그것은 본래의 목적을 잊고 변질된 것이다. 로시와 크리에가 주장한 것처럼 **'건축 유형학은 문화적 가치를 전달하는 유용한 도구이다'** 라고 말한 것을 되새겨보아야 한다. 유형학은 매우 유용하다. 그러나 옛것을 오늘날의 변화된 문화적 제반 주위 환경의 상황들을 고려하여 새롭게 재창조하는 것이 가장 어려운 수준의 디자인적 방법론이다. 주위 컨텍스트에 대한 고려없이 같은 유형을 찍어내듯이 만들어내는 디자인 접근방식은 유형학의 진정한 의미를 반감시킨다. 건축가들이 당시의 이상적 모델(유형)을 바탕으로 하여 똑같이 건축물들을 대량생산한다면 그것도 유형학의 취지에 반하는 것이다. 왜냐하면 디자인에서 최적화란 존재하지 않기 때문이다. 건축 유형학이 자체의 위험성을 극복하고 새롭게 창조되기 위해서는 끊임없이 고정된 것을 거부하여 박차고 나가는 건축가의 노력이 필요하기 때문이다. 그런 노력이 전제될 때만이 유형학이 존재하는 의미를 찾을 수 있을 것이다.

구조주의와 관련된 건축 및 도시이론

3012 무라토리학파의 도시분석

1960년대 이탈리아의 텐덴차 그룹 및 신합리주의자들은 기존 도시구조의 유형분석을 바탕으로 재해석하여 계승하고자 했다. 그들의 건축 유형의 방법론은 도시건축 중 주거건축이 밀집되는 방법론, 도시구조의 형성 방법에 주목하여 유형을 분류하면서 연구를 진행해 나갔다. 우리나라의 산동네와 같이 이탈리아의 산자락의 옛 주거에서 보이는 유형들이 집합하면서 만들어가는 질서 및 구성원리는 기본 유형에서 시작하여 지역의 각종 특수상황 및 조건들에 반응하여 구성되는 것이다. 그 기본 구성원리는 보통 개별주거의 평면상에서의 유형을 중심으로 분석되기 때문에 주로 사회적, 역사적 시각에서의 각종 변수들이 근본구조에 어떠한 영향을 미쳤는가에 집중될 수밖에 없다. 따라서 이들은 각 시대별 특성들을 집약한 도시공간구조를 만들어내게 된 원리, 즉 집합의 논리를 유형적으로 판단했다. 베니스 및 밀라노 학파의 건축가 및 교수들은 단순한 이미지 내지는 표현에 함몰되는 것을 경계하면서 배치 및 구성 원리에 및 논리에 집중하여 실천적으로 작품 활동을 진행해나갔다.

이들은 모더니즘의 이데올로기적인 특성을 비판하고 배제하고자 했다. 1권에서 언급한 바와 같이 그들은 건축이 생산수단으로 전락하는 것을 막고 이데올로기의 허상을 벗기기 위해서는 과학적, 구조주의적 구성 원리의 분석 방법을 통해 현대적으로 재해석하여 실천해나가는 것이 최선의 방법이라는 신념이 있었다.

그러나 한편으로는 이러한 행위 역시 전통적 도시구조 및 도시구성요소들을 합리적 이성에 근거하여 분석하여 도시구성을 확대 재생산하려는 측면에서 듀랑의 유형 카테고리를 만들어 조합하는 방식과 일정 부분 유사하다고 볼 수도 있다.

3013 알도 로시의 건축 유형학

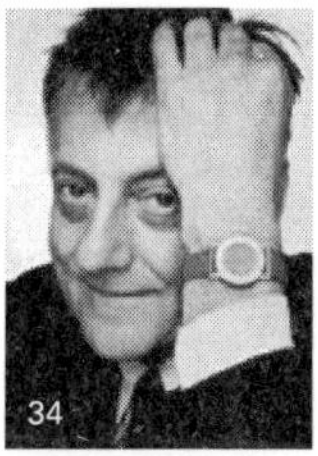
34

구조주의적 성향의 건축가로 등장하여 대표적인 포스트모던 건축가 중 한 명으로 생을 마감한 알도 로시의 사례로 건축 유형학을 논하는 것이 의미가 있다고 생각한다. 초기의 알도 로시는 과학적 접근방식으로 도시를 차근차근 분석해나갔다. 그러나 그는 도시의 평면상의 구성 원리에 집중하기 보다는 오히려 도시를 구성하는 요소가 도시구성에 어떠한 영향을 미쳤는가에 대해 집중했다. 그는 무라토리 학파와 유사하게 그 지역사람들의 집단 무의식 속에 존재하는 공통되는 요소들을 독해하여 추출하는 것이 중요하다고 생각했다. 또한 그는 과거의 주제를 명상하는 것이 중요하다고 생각하여 건축 유형학을 통해 도시를 분석하되 건축적 역사를 수집할 수 있는 디자인 개념으로 인식하였다. 이 점이 이전의 도시 구성원리를 기본으로 했던 집단과 그의 차이점이라고 볼 수 있

35

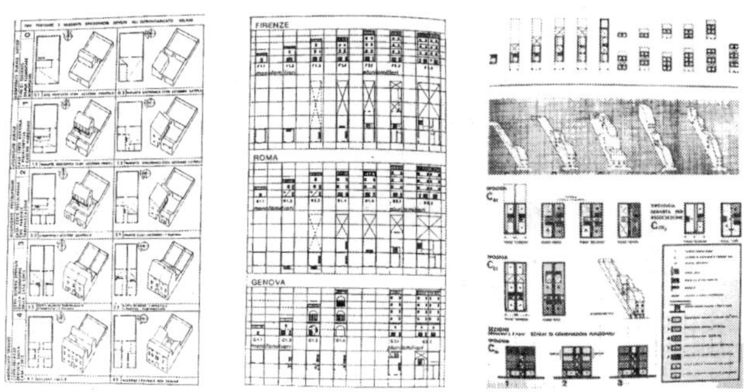

34. 알도 로시의 초상
35. 무라토리 학파의 연구 관심사

다. 자연스럽게 로시의 건축은 그 지역의 모뉴멘트, 경관 속에 자주 등장하는 유형 등에 집중했다. 또한 지역의 일반인들에게 각인되어 있는 건축 유형 요소를 집단무의식적 방식으로 파악하며 배치하거나 상징적으로 단순화시킨 유형을 은유적 형태로 사용했다. 자연스럽게 그의 건축경향은 점차 포스트모던적 언어게임으로 흐르기 쉬울 수밖에 없었다. 로시는 지역의 역사속에서 보여지는 건축유형은 동일 풍토에서 과거의 지식과 지혜가 축적된 요소들로 분류하고 재사용하는 경우 문화적 가치를 전달할 수 있다고 믿었다.

36

36. 알도 로시의 Citta-Analoga

따라서 그는 삼각형 페디먼트, 열주, 주랑, 원기둥, 원통형, 등의 요소들이 지역의 건축경관 속에서 어떠한 유형으로 쓰였는가를 언어학적 관점에서 분석하였고 그것을 이용하여 자신의 건축적 어휘를 발전시켜 나갔다. 유형과 유추는 긴밀하게 연결되어 있다. 자연스럽게 표현과 관련된 것은 언어구조의 기표와 기의 등의 겉으로 나타나는 요소들과 의미가 연결되는 사회문화적 요소들과 관련을 맺게 마련이다.

여기서 로시는 새로운 개념의 유형을 만들었는데 그의 건축에는 시적이고 물질주의적인 확신이 있었다. 또한 이성과 기억이 공존하고 있다. 사물에 기억을 도입하는 듯한 그의 작업은 단순 명쾌한 상징적인 공간에 관심을 가지고 옛 유형들을 간략하게 상징화하여 표현하는 것에 중점을 둔 결과였다. 그러한 표현은 많은 사람들의 무의식적 원형과 관련이 있으며 그의 작품 설명에서 자주 칼 구스타프 융의 집단무의식[4)]을 언급하곤 했다.

유형을 통해 무언가를 만들어내는 사람들은 과거의 유형이나 선례를 통해 미래에 기입하는 것이다. 이것은 유추적 혹은 은유적 사고의 결과물로 나올 수 있다. 로시는 비슷한 유형의 개념을 자서전적 접근방식을 결합하여 작품화시켰다. 여기서 '자서전적'이라는 말은 자기의 역사와 기억을 기술하듯이 기억과 이성의 병치에 의해 새롭게 무언가를 써내려가는 방법론을 사용하는 것이다. 다시 말해, 역사에 대한 개인의 새로운 해석이 개입하여 변증법적 해결을 추구하는 것이다. 유형을 사용하여 재구성하는 것은 구조주의적 양상이며 이것은 쉽게 기억 및 무의식과 연결되기 마련이다. 그의 건축은 인간의 기억(집단 무의식)이 은유적으로 표현되어 있다.

로시의 초기작품은 유물론적인 것과 깊은 관계가 있다.
초기의 로시는 도시의 구조를 이성적 합리적으로 분석하면서 '자율적' 건축

4) 집단무의식은 개인이 가지고 있는 무의식의 일부이면서, 개인무의식과는 구별되는 것이다.
개인무의식의 내용은 자의적인 것이나 집단무의식의 내용은 의식적이지 않다.
즉 집단무의식은 융이 일반적으로 원시적 이미지라고 부르고 있는 잠재적 이미지의 저장고이다.
인간은 이러한 이미지를 인류로서의 조상뿐 아니라 인류 이전의 선행인류로부터 물려받는다.
(문학비평용어사전, 2006, 국학자료원)부분 인용

에 관심을 가졌는데 이것은 건축과 도시의 관계를 유형학적으로 관계지움으로써 가능했다.
주변환경에 적합하고 반응하며 중재(화해)하는 것 이것이 바로 이탈리아 무라토리학파의 중요한 자세였는데 이러한 경향이 초기의 로시에게도 영향을 주었다. 이것은 변증법이라는 정, 반, 합의 매개적 방법론과 일치하는 것이며 이것이 역사적 유물론의 자세와 일맥상통하는 것을 확인할 수 있다.

로시는 초기에 유형학적 자세를 견지하며 서구문명으로부터 기원한 근본적 건축도시공간 구조를 연구했으며 건축작품을 진행시켰으나 점차 집단 무의식 속에 자리 잡고 있는 유형적 이미지와 심상과 관련된 요소들에 집중함으로써 포스트모던 건축의 이미지에 더욱 중점으로 두는 방향으로 선회했다. 언어게임과 이미지와 관련한 내용은 4권에서 더 깊이 다루도록 할 것이다.

3014 크리에 형제의 유형학적 접근방식

레온 크리에Leon Krier는 모던 도시계획으로 인해 파괴된 도시(서구도시)의 전통적 가치와 의미를 합리적 건축유형을 바탕으로 다시 복원시키려고 했으나 이들 역시 초기의 유형학적 접근방식에서 요소를 중심으로 하는 경관적 측면에 집중하게 되면서 역시 포스트모던의 언어게임의 흐름속에 섞이게 되었다.
롭 크리에Rob Krier는 도시공간개념의 유형학적 형태학적 요소들에 대해서 구조주의적인 관점으로 도시공간을 이루는 근본적인 구조에 대해서 연구를 진행하여 『도시공간 디자인론』이라는 저서를 내놓았다.

그는 유럽에서 오랜기간에 걸쳐 형성된 도시 공간을 분류하여 각 유형별로 파악했다. 특히 그는 옛 도시에서 광장, 가로(정주지의 확장으로 인해 나타

37. 레온 크리에 초상
5) 도시공간 디자인론, 롭 크리에, 박종호, 진경돈 역, 미건사, 1994

난)를 분석하면서 '인간적인 공간'이 나타나는 구조에 대해서 연구했다. 이 과정에서 그는 도시공간이 나타나는 형태를 사각형 원, 삼각형으로 나누어 변형된 요소들이 어떤 유형으로 나타나는지에 대해서 연구했다. 경관에서 단면이 도시공간에 작용하는 방법과 입면이 특성, 가로와 광장이 교차하는 유형 등이 외적 요인에 의해 굽힘, 분절, 부가, 병합, 중첩, 왜곡 등을 만들어 내고 있음을 보이고 있다.[5)]

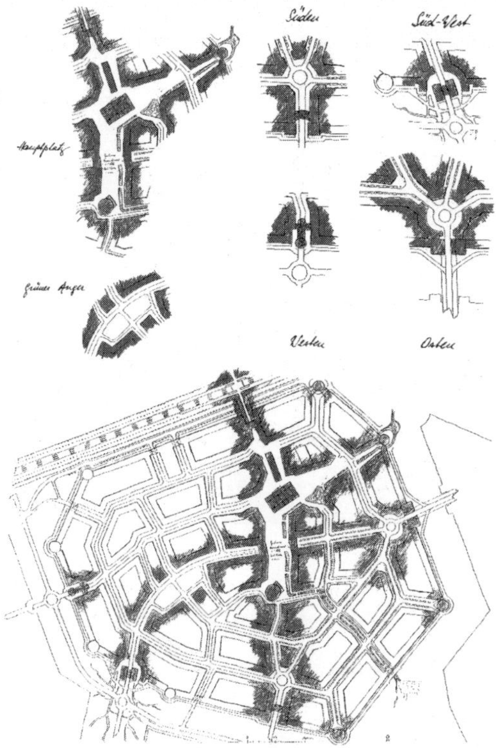

The composition of the various spatial figures in the centre
The Cardo-Decumanus system

38

38. 레온 크리에 도시유형연구

기존의 유형과 인간적 스케일을 무시한 20세기의 거대한 도시계획은 자동차가 위주가 되는 비인간적인 스케일로 인해 기존 도시와 유리되었다. 엘리트에 의해 주도되는 기능적 도시에 크리에는 반감을 가지고 있었고 그에 대한 실패에 대해서 상세하게 분석하고 있다.

그는 르 꼬르뷔지에의 300만을 위한 빛나는 도시 계획안은 도시의 해충과 같은 용서할 수 없는 결과를 낳았다는 거침없는 표현까지 사용하며 비난하기도 했다.

39

40

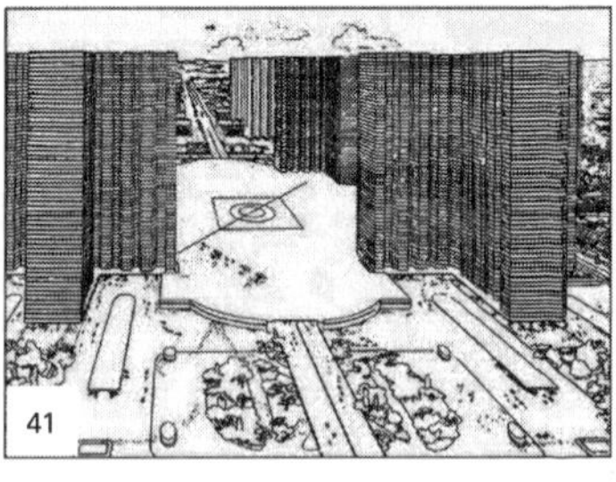

41

39, 40. Den Haag 도심 재개발
41. 르 꼬르뷔지에의 300만을 위한 빛나는 도시

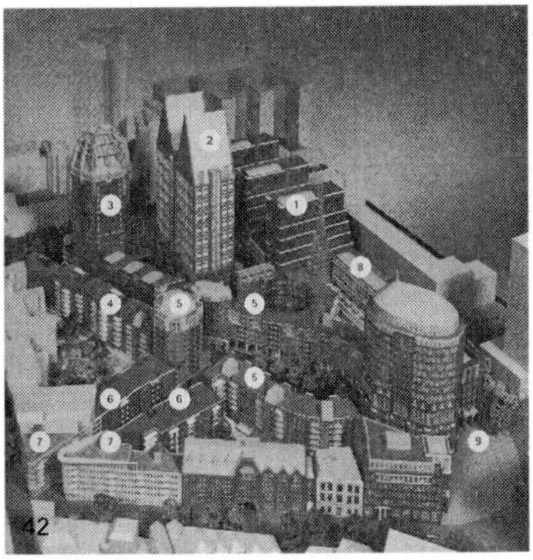

42

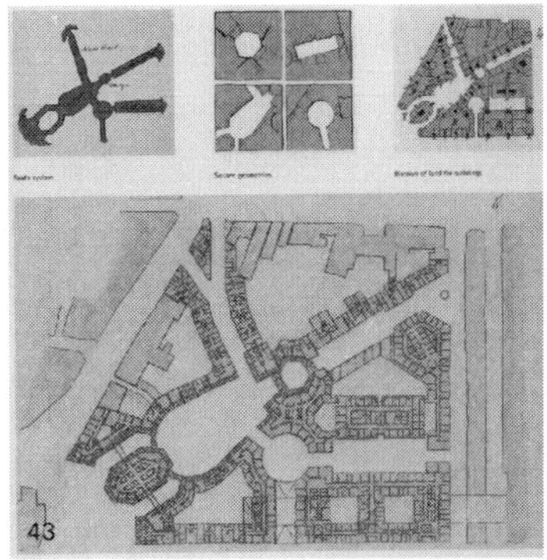

43

레온 크리에는 20세기에 시도되었던 도시계획으로 황폐해진 도시를 되살리기 위해서는 과거의 유형에서 나타나는 인본적인 특성을 적용하고 보행자 중심 기억의 중심이 되는 도시를 만들고자 했다. 그것이 슈투트가르트 계획에 잘 적용되어 있다. 일반적으로 포스트모던 건축가로 알려져 있는 크리에 형제의 사고는 이렇게 구조주의로 시작하여 포스트모던의 경향으로 귀결되었다.

44

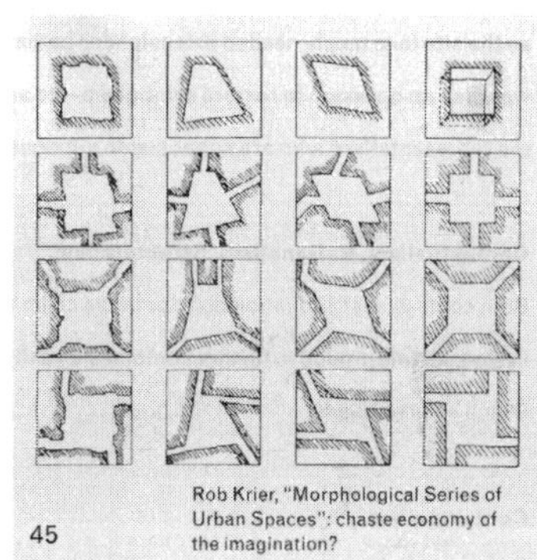

45

42. Den Haag 도심 재개발 모델
43. Den Haag 도심 재개발 평면과 가로 유형스터디
44. 유형설정 방법론
45. 롭 크리에의 광장과 가로의 유형학 연구

건축에서 구조주의가 집중하는 부분은 이전 건축의 유전자를 합리적이고 이성적으로 분류하여 현대도시와 건축에 적용하여 새로운 구조를 만들어 내는 것에 있기 때문에 필연적으로 평면 유형과 과거의 이미지(경관)를 연구할 수밖에 없으며 상당부분 과거의 입면적인 요소의 유형이 중요시될 수밖에 없다. 자연스럽게 60년대 이후 건축적 요구는 대중성과 통속성으로 인해 포스트모더니즘으로 흐르게 되는 경향이 있었다. 자본사회에서 대중성과 통속성은 결국 인간의 언어구조, 언어게임과 관련된 자본적 흐름의 담론으로 귀결될 수밖에 없다. 따라서 구조주의는 모더니즘 이후 현상학적 사유와 포스트모더니즘을 이어주는 교량역할을 수행했다는 의미가 거기에서 나오게 되는 것이다.

건축 유형학의 현상학적 접근은 주로 사물의 부분적 기능보다는 총체적 의미를 구조적으로 재구성하려는 경향을 보이며 이때 건축형태의 은유적 표현이 강하게 나타난다.
콜쿠훈Alan Colquhoun은 건축 유형학은 과거부터 꾸준하게 축적된 건축지식의 총체로 보았다. 크리에 형제는 구조주의적 자세로 도시의 광장구조와 경관을 분석하여 역사적 도시에서 새로 배치되는 건축물이 기존 콘텍스트와 화해하고 공존할 수 있는 합리적, 이성적 방법론을 제시했다는 점에서 중요성을 인정받고 있다.

46. Berlin-Mitte의 Nikolaiveiertel 계획
47. Den Haag 도심 재개발 내부경관

3015 크리스토퍼 알렉산더의 작업

48

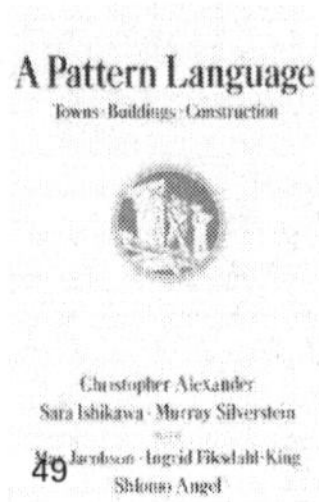

49

또 하나의 의미 있는 구조주의적 운동을 전개한 인물은 크리스토퍼 알렉산더이다. 그의 대표적인 저서 『패턴 랭귀지The Pattern Language』는 건축과 도시분야의 명저이며 또한 구조주의적 관점으로 도시와 건축을 분석한 필독서이다.

알렉산더는 버클리대학의 교수로 재직하면서 건축설계의 '방법' 또는 '과정'을 체계적으로 밝히려는 작업을 수행하여 세계적으로 인정받았다. 알렉산더는 『패턴 랭귀지』에서 도시 및 건축공간의 유형에 대해서 세밀히 연구를 진행하여 비슷한 유형들을 모아 건축의 패턴 랭귀지로 규정하여 파악하고자 노력했다. 또한, 당시의 건축 방법론으로는 사용자들과 사회의 요구를 만족시키지 못할 것이라고 주장하고 모든 설계와 엔지니어링의 절대 목표인 생활환경 개선을 달성하지 못할 것이라고 주장했다.

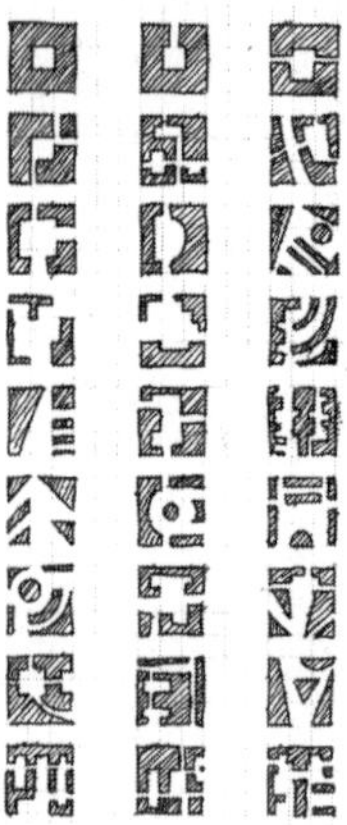

50

그의 저서 『패턴 랭귀지』에서 알렉산더는 253개의 패턴을 제시하고 있다. 그는 패턴들의 분석과 함께 지역적인 패턴의 요소들을 추출하여 지역사회가 어떻게 스스로의 패턴을 구성할 수 있는지 제시했다. 이때 가장 중요한 것은 **'그 패턴의 분석과 적용에 있어서 지역사회의 공감대를 얻을 수 있는가, 아닌가'** 이다. 그의 학문적 체계가 초기에 구조주의적 관점에서 그 지역의 유형을 분류하고 재생산할 수 있는 기본적인 유형의 조합을 수행할 수 있는 틀을 짜는 것에 집중했다면, 후기로 갈수록 그의 체계는 구조 이면에 존재하는 거

48, 49. 크리스토퍼 알렉산더의 초상과 대표적 저서 『패턴 랭귀지』
50. 도시 공간구조의 패턴

주자들의 다양한 욕망과 요구사항을 수용하는 과정을 통해 상호보완과 커뮤니케이션을 이루려고 했으며, 이를 통해 절대적인 것이 아니라 변화가능한 계획이 되도록 노력했으며 비판, 수정되면서 구조주의만의 한계를 보완하기 위해 노력했다.[6)]

알렉산더는 1960년대 도시의 공통적인 디자인 언어와 문법을 구축했다. 그는 인간의 행태관련 요소들을 253개의 단계로 도출하고 분류하여 새로운 환경에 적용하여 조합할 수 있도록 정리했다. 그 체계는 크게 3가지의 분류체계로 되어 있으며 도시 94개, 건축 109개 구조 50개의 위계별 구분의 분류체계와 연계되어 있다. 이러한 그의 생각과 연구방법론은 1960년대 구조주의자들의 사유와 상당부분 일치하는 것이다. 또한 앞서 살펴본 알도 로시의 유형론과 콜린 로우의 맥락주의contextualism와도 연결된다.

초기의 알렉산더는 지역의 여러 외적 변수들을 인풋input하면 자동적으로 하나의 결과물output이 나올 수 있는 기계적 해결방법을 제시했다. 이것은 이미지와 디자인 과정의 순열조합을 통해 통합적인 하나의 이미지 세트를 만들 수 있음을 강조하면서 나온 방법론이다. 도시에서 이러한 패턴이 건물 혹은 건물군들을 만들어냄에 따라 단어 및 문장 혹은 문법을 만들어내게 된다는 것이다.

실제, 그는 설계 행위 전에 각 기능과 건축주의 요구사항의 상호관계를 파악하는 것을 가장 중요시했다. 그리고 적절히 분류하면 나무구조와 같은 위계와 작업순서가 생긴다. 디테일과 같은 하부로부터 상부로 작업이 점차 이루어져 나가게 된다. 그에 따라 공간의 적절치수, 장식, 재질, 색채까지도 그 지역에 적합한 어휘를 만들어낼 수 있게 된다고 그는 생각했다. 이는 지역의 사회학적, 심리적 요인들을 종합적으로 분석하여 데이터에 반영할 수 있도

6) 알렉산더의 방법론은 군대의 수직위계적인 방식과 같이 일방향적인 방법론이 아니라 위계적 계획과 상향식bottom-up방식이 조화를 이루는 방법론을 추구했다.

록 했다. 그러나 그의 작업은 단순히 위계적, 체계적, 명령적인 나무구조와는 달리 반격자형 도시구조를 제시했다. 이것은 근대계획의 격자형 구조가 너무나 정적, 균질적, 역동적 변화수용의 한계를 보이는 문제점에 대응한 방법론이었으며 근대의 인공도시구조의 격자형으로부터 나오는 단순화와 비인간적 요소들을 일정부분 극복하며 단순 나무구조에서 진화한 것이었다. 그의 방법론은 설계방법론에 패턴집합과 패턴구조를 제공하고 있으며 네트워크 개념을 도입했다는 점이 중요하다.

리마의 프로젝트에서 알렉산더의 팀은 프로젝트 대상의 계층과 함께 6개월 동안 생활했다. 사회, 문화인류학적인 관점의 접근방식으로 그들은 저비용 하우징에 들어갈 패턴과 디자인을 개발했다. 이 계획에서 그들은 커뮤니티 시설계획과 시공분야의 디테일에 이르기까지 다루고 있다.
이 계획은 페루의 전통과 근대적 계획과 시공기술이 적합하게 어우러져 성공한 프로젝트로 평가받고 있다. 이처럼 그의 작업은 변수들을 대기소pool로 만들고 검색하면서 특정 프로젝트에 어울리는 패턴을 적절히 선택하고 네트워크화한 이후 종합하는 방법론을 사용하게 된다.

그는 계획상의 단점을 보완하기 위해 패턴 랭귀지가 되는 건축적 어휘를 연구하면서 적절한 건축어휘 적용 시스템을 만들었는데 그 시스템은 다음과 같은 항목을 주요한 내용으로 삼고 있다.

- 삶의 질을 높이고 편안함을 주는 구조
- 거주자들에게 좋은 영향을 미치고 기쁨을 줄 수 있는 구조 연구
- 공동체의 필요를 더 잘 만족시킬 수 있는 구조 구축

등의 내용을 보완하는데 많은 도움이 될 수 있을 것으로 생각하고 연구를 진

행시켜 나갔다. 그 결과, 도시구조와 건축공간 및 표현에서 먼저 근본적인 구조가 있고 이것이 패턴을 만들고 있다는 것을 발견했다. 여기서 '패턴'은 '어휘'이며 패턴 언어는 문법까지 제공해서 완전한 문장을 만드는 것으로 이해할 수 있다. 이어서 그는 패턴 언어는 패턴 하나만으로는 해결할 수 없는 더 크고 복잡한 문제를 해결할 수 있는 규칙과 지침을 제공한다고 생각했다.

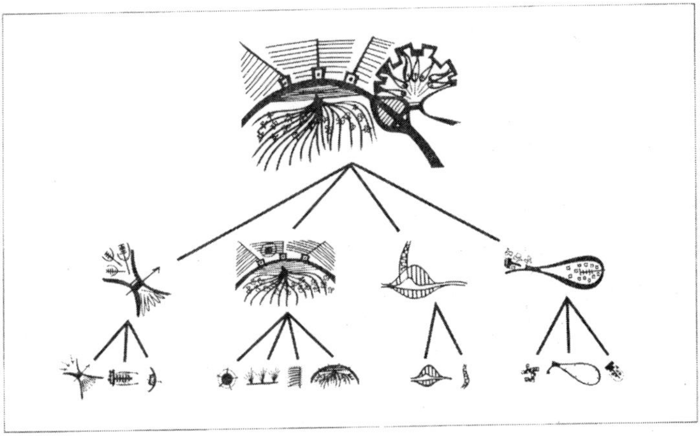

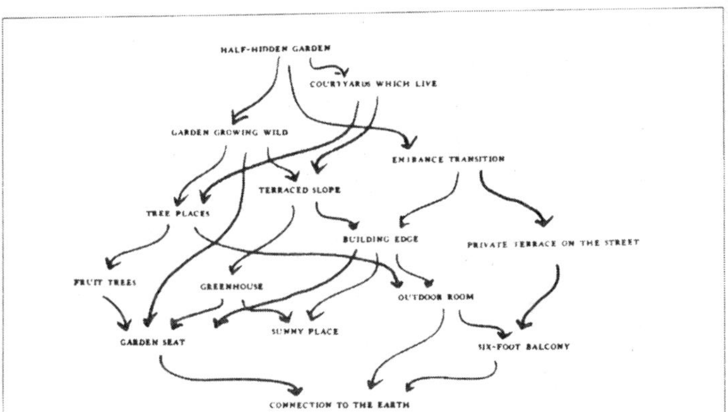

51

51. 크리스토퍼 알렉산더_형태학_시간을 초월하는 구축방법

그는 패턴 언어가 전체성Gestalt을 형성하여 개별 패턴으로는 드러낼 수 없는 근본문제를 풀 수 있게 패턴들이 협력하게 만든다는 것을 발견했다. 여기에서 확인할 수 있는 바와 같이, 근본적인 구조를 탐구하는 것은 좀 더 나은 무언가를 만들어내기 위해 필수적인 과정이 되는 경우가 많다. 위에서 동일성의 폭력적 부분에 대해서 언급했는데, 건축에서는 역설적으로 차이를 드러내거나 차이를 발견하기 위해서는 구조주의적 성격의 유형학이나 기초적 지식이 오히려 더욱 철저하고 체계적으로 다져져 있어야 한다는 특성이 있다. 물론 조형과 관련된 분야에서는 대부분 공통적으로 적용될 문장이다.

패턴이 형성되었다는 것은 무슨 말일까? 패턴이라는 것은 오랜 시간동안 주위환경에 영향을 받아 자신의 행위나 재현의 양태가 습관화되어 나타나는 것이라고 할 수 있다. 패턴은 사물의 본질에 아주 깊이 뿌리박혀 있어서 오랜 시간동안 인간의 본질, 인간행동의 한 부분으로 보이기까지 한다. 그런 의미에서 패턴은 구조주의적 접근이 가능한 부분이라고 할 수 있다. 이 말은 패턴이 각각의 문화, 사회, 지역사회에 이미 구조화되어 내재되어 있음을 뜻하는 것이기도 하다.

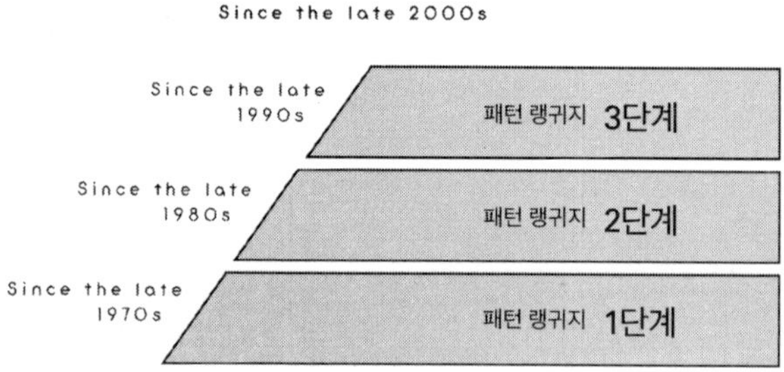

52

52. 패턴 랭귀지의 발전단계

53

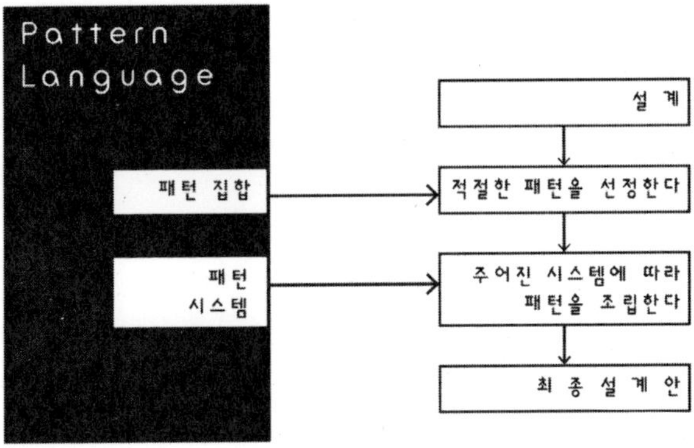

알렉산더는 먼저 한 지역의 패턴이 되는 건축어휘들을 수집하여 분석하고 패턴 랭귀지의 책에서처럼 각 지역마다 패턴이 되는 어휘들을 정리하여 데이터화 시켜 놓는다. 만약 건축가가 건축주로부터 그 특정지역에 위치한 대지에 건축물을 설계해달라는 의뢰를 받으면 건축가는 데이터화되어있는 어휘들을 검토하여 자신의 프로젝트 컨텍스트에 적절한 것을 추려내게 된다. 자신의 프로젝트의 특성에 따라서 적절한 패턴 랭귀지를 선택하고 수정하는 과정을 거쳐서 컨텍스트나 기능 및 요구사항에 맞지 않는 것들은 버리고 수정하게 된다.

1) 설계요소를 위계에 의해 분해

2) 그 분해된 요소들을 다시 체계적으로 종합하는 과정을 거치게 된다.

이 과정을 통해서 상대적으로 손쉽고 과학적인 방식으로 그 지역에 어울리는 건축물을 구축할 수 있다는 생각을 한 것이다.

어떻게 보면 이 작업은 간단한 컴퓨터 연산작용과 비슷하다. 간단하게 유형의 데이터를 인풋하고 연산작용의 수식을 이용하여 그 논리에 맞는 결과물이 아웃풋으로 나오게 되는 것과 유사한 특성을 보인다.

53. 패턴 랭귀지의 설계적용방식
최재필, 대한건축학회 논문집 제10권 제5호, 1994.5월, p84 다이어그램 참조

IF: X then: Z/Problem: Y, '만약 X라는 맥락이나 조건이 발생하면, Y라는 문제를 해결하기 위해 우리는 Z를 해야 한다' 라는 연산작용이 되는 것이다. 이처럼 그의 작업은 후에 컴퓨터 시스템 이론에도 상당부분 영향을 주게 된 것으로 평가받고 있다.

초기의 알렉산더의 작업에서는 다기능 복합센터 설계를 위해서 이 책에는 모두 64가지의 패턴이 제공되어 있었다. 이것들은 패턴들의 네트워크가 제공되었다. 이 네트워크란 패턴들이 어떻게 서로 맞물리게 되는가를 보여주는 시스템이 된다. 이 패턴 시스템을 우리는 언어와 비교할 수 있다.

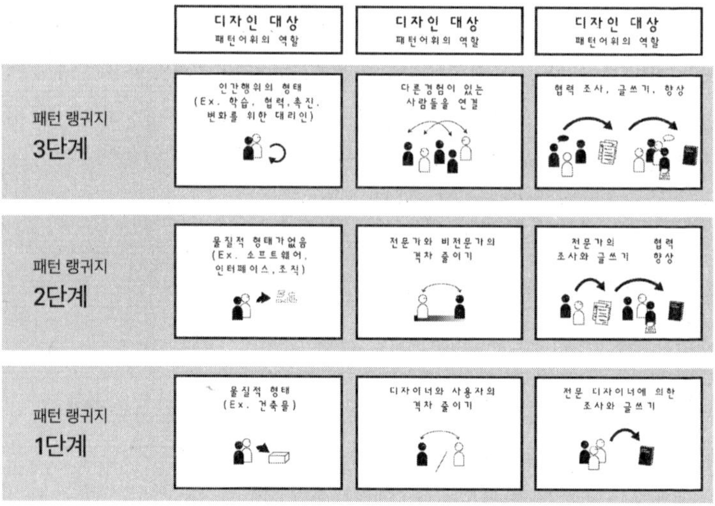

54

원형의 건축설계는 패턴들의 집합과 미리 만들어진 패턴구조를 제공한다는 점에 있다. 알렉산더는 이 책에서 처음으로 패턴이라는 용어를 사용하는데 패턴은 앞 책의 도형(다이어그램)과 같은 의미이고 패턴구조는 앞의 위계적

54. 단계별 패턴 랭귀지의 목적, 방식

나무구조와 유사하다. 그러나 여기서 주의해야 할 사항은 다이어그램에서 보면 알 수 있듯이 패턴구조의 분석 기준을 위계적으로 한다는 것에 있다. 7권에서 언급할 예정이지만, 현대 철학과 현대사회의 흐름은 위계적인 특성을 벗어나서 사유하고 움직이는 특성을 보인다. 위계적인 것, 다시 말해 나무와 같이 위계를 가진 수목적 구조가 아닌 수평적 네트워크의 리좀적 구조가 힘을 얻고 있다. 위계적으로 사유하거나 일을 진행한다는 것은 그만큼 프레임에 넣어 사유하려는 것과 비슷한 특성이 있다. 우리가 변증법적인 거대 프레임에 억지로 끼워 맞추는 식의 작업에서 보아왔던 것과 같이 계통적이고 폭력적이라고 말할 수 있다. 이것은 계통구조와 명령구조가 명확한 군대조직과 유사하다. 무언가 딱딱해지고 벽이 생기는 구조라고 할 수 있다. 알렉산더 역시 초기의 연산작용을 이와 같은 위계적 조직으로 분류하여 적용하고 수정했다. 그러나 중기, 후기에 이르게 될수록 이러한 분류체계나 실행체계를 좀 더 유연하게 가져갈 수 있도록 보완했다. 이것은 시대의 흐름에 따른 자연스런 변화라고 해야 할 것이다.

그래서 알렉산더의 변화과정을 3단계로 나눌 수 있는데
초기: 문제해결의 기계적 과정
중기: 원형 건축설계 및 패턴 조합 시스템의 경직성 완화
후기: 합리주의적/그림조각 맞추기 과정
등으로 나누어 볼 수 있다.

알렉산더의 작업을 보면서 한편으로 의문이 들 수 있다. 그의 작품 구성방식은 적어도 그 지역에서 오랜 기간 주거역사가 쌓이면서 만들어온 주거형식과 구성, 표현의 요소들을 추출하고 조합하여 만드는 것이다. 하지만 그러한 요소들을 조합했다고 해서 근본구조를 충실히 이행한 것이라고 확신할 수 있는 것일까? 현대성을 적절히 반영하는 부분은 어떻게 생각해야 할까? 그

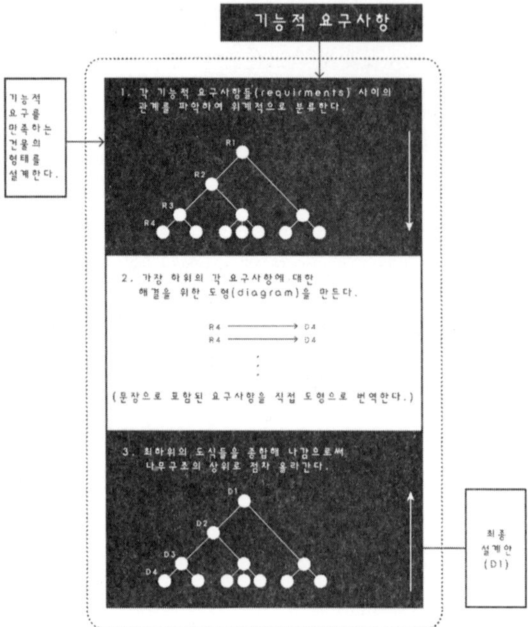

55

러나 지역성을 적절히 분석해서 반영하고자 하는 노력, 작품에 녹여 승화하려고하는 노력은 계속해서 진행되어야 한다. 오더와 같은 요소들의 대기소에서 적절하게 추출하고 조합하는 방식은 위험할 수 있다.
알렉산더를 대표하는 문장중 하나는 도시는 나무구조가 아니다. "City is not a tree"이다. 도시는 수직 위계적 체계로 구성되는 것이 아니라 끊임없이 상향식과 하향식의 접점에서 이루어져 가는 과정으로 본 것이다.
초기의 알렉산더는 문제를 나열하고 분석하여 해결방안을 찾는 과정을 통해 종합하여 최종안을 만드는 방법을 택했다. 그는 위에서 설명했던 수목적 구조를 사용하는 방식으로 작업을 진행했다. 그에 따라 패턴이 알렉산더 자신의 주관적으로 선택되었다. 패턴이 선택되고 난 이후에 설계과정의 빌트

55. 패턴 랭귀지 적용 방법론
같은 논문, p82 다이어그램 참조

인built in개념은 그대로 지속되었다. 이 과정을 보면 마치 컴퓨터 연산과정을 보는 듯한 느낌이 들 것이다. 처음의 단순한 패턴공식을 통한 조합에서 이후 사용자 및 건축주와의 상호작용을 통해서 보완작용을 통해 완벽을 기하려는 방향으로 나아가고 있음을 확인할 수 있다.

우리는 후기의 알렉산더의 작업이 어떻게 유연화되면서 더 많은 내용들을 적절히 반영하여 구조화시킬 수 있게 되었는지에 대해서 살펴보았다. 이 과정을 통해서 구조에 있어서도 변화 및 융통성의 여지가 필요하다는 것을 인식할 수 있을 것이다.

구조주의는 분석을 한다는 점에서는 이성에 근거하지만 또한 인문학과 감성적인 측면까지도 다루는 학문이므로 직관적인 영역도 함께 포함된다는 특징이 있다. 유형학에서 알렉산더의 방법론처럼 그 지역의 유형적 표현요소(오더와 같은)들을 분류하여 적절하게 조합하여 사용하는 방법을 취할 때 경험적인 취사선택은 일정부분 그 지역의 감성이 들어가는 직관의 영역이 결국 포함될 수밖에 없다. 구조주의가 일정부분 이성의 폐해를 극복하거나 보완할 수 있는 측면이 여기에 있다.

알렉산더는 『Houses Generated by Patterns』(1970)에서 최종단계의 사고를 보여주고 있다. 이 책에서 그는 페루 리마의 공공임대주택 프로젝트를 수행하면서 그의 설계방법론의 진화과정을 설명하고 있다.
그의 방법론은 지역사회의 설계분야의 진화를 돕고 패턴을 사용하도록 했다. 계획 담당자는 필요에 부응하여 책에 제시된 패턴들에 수정을 가하게 된다. 또한 지역사회의 계획위원회가 검토하여 오픈스페이스 및 도로, 교통 등에 영향을 미치거나 악영향을 줄 수 있는 요소들을 차별적으로 선택한다. 이 작업을 수행할 때 먼저 지역대표들이 결정하고 이후 공청회를 거쳐 일반시민들의 의견을 수렴하여 수정을 한다. 이후 몇 번의 수정 및 실험과 관찰결과를 통해 새로운 패턴이나 기존 패턴의 수정이 이루어진다.
이후, 패턴 네트워크 또는 시스템을 통해 패턴을 그 규모나 영향도에 따라 높은 것에서 낮은 것 순서로 하나씩 다루어서 만족도를 높혀 나간다. 많은 시민들의 참여를 통해 공간 및 형태를 재조정하는 것에 대한 중요성을 강조하는 것이다.

획일적인 컴퓨터식 연산작용의 조합으로 패턴을 만드는 방식과는 달리 결정하는 사람과 참여하는 시민들 간의 상호협의와 실험이라는 '안전장치'를 거쳐서 하나의 안으로 형성되는 과정은 분명 민주적이고 네트워크의 상향식Bottom-Up결정방식이라고 할 수 있다. 이 과정은 일종의 퍼즐맞추기 과정과 비슷하다. 패턴이 그림조각이 되고 형태의 조정-재조정은 그림 조각을 이리저리 돌려가며 확인하고 끼워 맞추게 된다.

건축적 과정이란 이렇게 여러 사람의 손을 거쳐서 하나의 산물로 굳어지기 때문에 그만큼 네트워크식, 민주식 의사 결정 및 의견 반영이 필요한 분야라고 할 수 있다. 그런 과정을 거칠 때만이 독선의 오류를 줄이고 안정화될 수 있기 때문이다. 건축디자인이 어려운 것은 이것 때문이다. 근본구조를 가지고 있다고 하더라도 지역뿐만 아니라 시대적 부응에 맞추어야 하면서 동시에 기술적 발전 및 문화적 발전을 통해 유형도 조금씩 변화될 가능성이 있다. 건축은 근본적인 구조를 다루고 있는 것이라고 할지라도 변화가 가능하고 그것이 변화되고 일정기간이 지나면 자체로 하나의 기존유형(구조)로 굳어지게 되는 특성이 있다. 예를 들어 국제주의 양식 5원칙은 원칙이 등장하기 이전에는 구조적, 재료적, 설비적 한계 때문에 건축분야의 인류공통의 근본구조가 될 수 없었다. 그러나 오늘날 국제주의 5원칙은 현대건축과 미래의 건축에서 근본구조로서 뗄레야 뗄 수 없는 너무나 기본적인 것이 되어 전

세계에서 통용되고 있다. 이제는 국제주의 5원칙이 현대건축의 너무나 당연한 심층 구조가 된 것으로 볼 수 있다.

구조주의와 관련하여 건축분야는 이런 부분을 어떻게 보아야 하는가에 대한 어려움이 있다. 건축에는 진보 및 보수적인 부분이 항상 같이 존재한다. 기술의 진보와 유토피아적인 청사진, 그리고 오랜 시간동안 풍토에 맞게 내려왔던 생활양식에 따른 구조 및 표현 등이 함께 어우러지는 분야이기 때문이다. 그러나 기술의 진보적 측면도 일정시간이 지나면 인류의 심층 구조속으로 편입되기 때문에 진보적 측면도 심층 구조로 볼 수 있는가 하는 점에 대한 의문은 여전히 남게 된다.

전술한 바와 같이 알렉산더가 패턴 어휘를 분석하고 패턴을 선택하고 적용하여 하나의 작품을 만들어나가는 과정은 초기에 많은 문제점을 지니고 있었으나 중기, 후기를 거쳐 보완할 수 있는 방향으로 진화해 나갔다. 그럼에도 불구하고 이 패턴 랭귀지에는 근본적인 문제점을 지니고 있다. 하나는 패턴들이 같은 가치를 지닌다고 가정했을 때 오류의 가능성이 있다는 점이다. 이것 역시 옛 패턴이 과연 현대적인 의미에서 다시 써도 될 만큼의 가능성이 있는가에 대한 근본적인 의문이 생기게 된다. 두 번째는 이렇게 일부 부분적인 패턴들을 단순히 조합하여 전체를 만들었다고 가정했을 때, 이러한 조합된 전체가 새로운 해결책이나 대안이 될 수 있을까에 대한 근본적인 물음이다. 기존의 사유방식으로는 전혀 사유하거나 심지어 지금껏 전혀 보지 못했던 새로운 방식으로 사회는 빠르게 변화하고 있다. 이런 상황에서 건축을 단순히 옛 것의 부분집합들로 조합시켜 만든 것들이 근본적으로 빠른 사회의 변화에 발맞춘 새로운 건축을 만들 수 있는가에 대한 근본적인 회의가 있는 것도 사실이기 때문이다. 유형을 이용한 작업은 역시 일정부분 한계로 남아있다.

3016 케빈 린치Kevin Lynch의 5가지 도시 이미지 구조

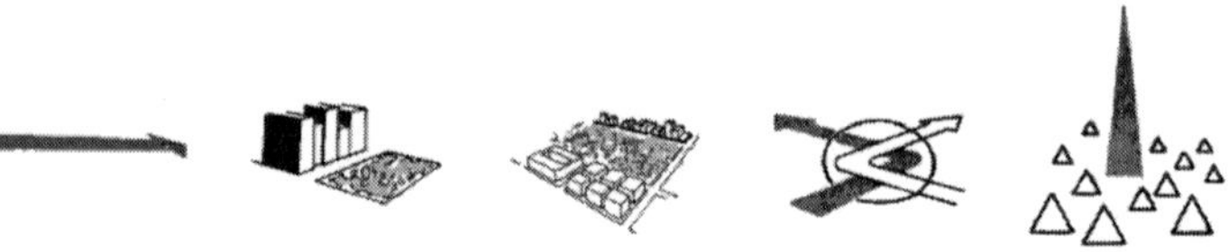

56

오늘날 건축 및 도시경관을 연구하거나 새롭게 디자인을 수행할 때 공식처럼 가장 기본적으로 조사하는 방법론이 바로 케빈 린치가 주장한 5가지 도시이미지 구조이다. 이것은 어느 나라 어느 도시에나 근본적인 구조로서 존재하며 각각의 도시의 다양한 외적, 내적 특성과 연계되어 저마다의 특성을 나타내게 된다. 대부분의 도시를 린치의 분석틀로 분석했을 때 우리는 효율적으로 그 도시의 경관 및 도시 구조를 이해할 수 있게 된다. 달리 말해 도시경관 이미지의 근본적 공통구조를 밝혀내고 그 구조에 따라 도시를 분석하고 대책을 마련하거나 디자인 방향성을 찾는 것은 심층 구조를 중시하는 구조주의적 연구의 방향성을 가지고 있는 것이다. 이것은 일종의 경관분석기법으로 경관을 분석함에 있어서 기호를 만들어 이를 경관분석에 이용하여 학자로서 경관의 좋고 나쁨을 기호화 하여 분석했다.

저서 『도시의 이미지』로 대표되는 케빈 린치의 이미지 연구는 1958년 MIT 공과대학의 대학원생들에 의해 조사된 보스톤의 도시공간 연구인 『보스톤 이미지The Boston Image연구』를 발전시킨 것이다. 케빈 린치는 도시는 **"사람에 의해서 이미지화되는 것"**이라고 주장하며 1960년대에 『도시의 이미지The Image of the City』라는 도시론과 관련된 저서를 발표하면서 많은 건축 도시관련인들에게 도시구조와 이미지를 이해하는 방법론을 제공했다.
그는 '이미지 가능성Image ability'을 높이는 것이 아름답고 즐거운 환경의 조건이라고 생각했으며 그것은 개인의 이미지가 아니라 집단의 이미지로 도

56. 케빈 린치의 5가지 도시이미지 분석도구

시 주민의 대다수가 공유하는 이미지 즉 '공적 이미지public image'라고 주장했다. 특히 '도시의 가독성place legibility'이 있다는 것은 배열상태layout를 알 수 있다는 말과 다름 없으며 하나의 패턴을 통해 쉽게 그루핑되며 인식할 수 있게 됨을 의미한다. 도시의 인상과 도시를 읽는다는 것은 공공 이미지의 데이터를 얻는 것이다. 여기서 그의 생각은 구조주의적 사유에 영향을 받은 것을 알 수 있으며 융의 집단 무의식적인 사유의 공통점도 찾아볼 수 있음을 확인할 수 있다.

57

그는 『도시의 이미지』에서 도시의 이미지를 만들어내는 요소가 무엇인지에 대해 연구를 진행했다. 그 결과, 그는 도시경관을 만들어내는 5가지의 요소를 발견하여 정립하였는데, 이러한 5가지의 요소를 통해 사람들은 그 도시나 거리의 인상을 기억하게 된다는 것을 발견했다. 오늘날 5가지 분류기준을 만들어 각 나라의 도시를 분석하고 그 특징과 차이점을 분석하는 것이 도시경관 부문에 있어서는 거의 기본적인 분석방법으로 정착되어 널리 사용되고 있다.

이후 여러 가지 도시경관의 구성사례를 하나의 이론체계로 묶어 고든 컬렌의 연속시각 이론serial vision으로 발전되었다. 케빈 린치의 이론과 방법론은 1960년대와 70년대 다양한 방면에서 개념이 발전했고 도시에 대한 이해와 인식방법, 그리고 형태요소의 추출 등에 있어서 도시설계의 학문적인 토대를 이루었다. 이 방법론은 도시의 분석과 설계를 위한 도구(기호화)의 제공이라는 측면에서 좋은 평가를 받고 있다.

따라서 케빈 린치의 5가지 도시구조의 분류법은 5가지의 분류에 따라 자세하게 조사하고 연구할 수 있는 근본적인 구조를 제시한 셈이 된다. 그의 경관구조를 파악하는 방법론은 구조주의적인 방법론이라고 할 수 있다. 그가 말하는 5가지 도시구조는 다음과 같다.

57. 린치의 저서 도시의 이미지

FIG. 8. *Problems of the Boston image*

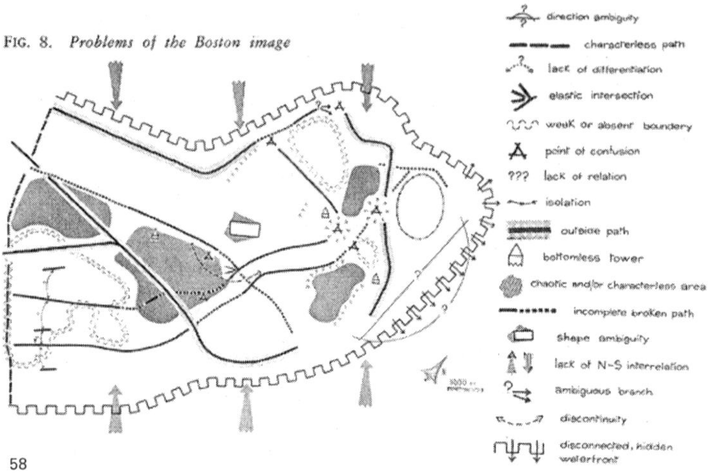

58

첫째, Path가 있는데, 이것은 말 그대로 통로로서 지나가는 도로 크기에 비례하는 path, 사용량에 비례하는 path를 의미한다.
둘째, Edge는 가장자리로 다른 두 지역이 만나는 곳이다.
셋째, District는 구역으로 한 테마를 가진 지역(인식의 문제)을 의미한다.
넷째, Node는 결절점으로 흔히 path가 집합하는(교차하거나 만나거나 하는)곳을 말한다. 마지막으로
다섯째, Landmark는 지역을 상징적이고 나타낼 수 있는 요소들을 의미한다.

다섯 가지 요소 중에서 실제로 도시의 이미지를 결정하는 결정적인 요인은 Path와 Landmark이다. 그러나 다른 한편으로 이러한 어휘체계에도 불구하고 린치는 도시는 구조적이라기 보다는 게슈탈드에 더욱 관련이 있다고 생각했다. 린치는 모든 도시가 여러 가지 요소들의 일종의 리듬을 가지고 있으며 도시는 담론체계이고 담론체계는 진정하게 어휘체계로 생각했다. 그는

58. 도시의 이미지 분석 방법 예시

다섯 가지 도시이미지를 결정하는 요소들을 통해 린치는 강력하고 명확한 이미지를 제공하는 물리적 환경, 심상성이 도시형태에 바람직하고 사람들에게 손쉽게 인지가능하게 해줌을 강조했다.

이렇듯, 케빈 린치의 도시경관을 이루는 요소를 분류하고 그것을 이루게 되는 심층 구조를 분석하는 분류기준을 제시한 것은 분명 구조주의적 관점의 연구였다.
알도 반 아이크는 인지도구로서의 도시 이미지에 대해서 구조주의적 관점에 맞추어 다음과 같이 이야기 했다.
"도시적 차원에서 다양한 스케일의 해독성comprehensibility을 이룩하기 위해서는 상호 긴밀한 관계를 지니는 다양한 인지도구가 필요하다. 이들은 자연적인 것, 인공적인 것, 그리고 그 중간의 것이 있을 수 있다. 과거에는 주로 교회, 궁전, 거대한 벽, 항구, 항만, 주요 거리나 광장, 강, 계곡, 언덕, 혹은 해변가 등이 인지도구가 될 수 있었는데, 이들 중 많은 것들이 아직까지도 제 기능을 발휘하고 있다. 우리는 이러한 사실을 느끼고 있다. 그러나 시각적 분절을 이룩할 뿐만 아니라 인간관계를 골격화하는 것이 바로 이들 인지도구(이는 image라고도 할 수 있다)라는 사실을 충분히 인식하고 있는지는 의문이다. 이들은 아직도 직접적인 물리적 의미를 지닐 뿐만 아니라 우리의 일상을 지배하고 지속적으로 우리의 기억속에 남아있으며 우리가 직접 참여할 수 있는 상황을 위한 장소를 분절한다. 결국, 과거의 인지도구들이 그토록 훌륭히 우리에게 제공해 주었던 본질적 경험들이 새로이 유지시킬 수 있는 참신하고도 의미있는 인지도구를 만들어야 할 때가 온 것이다."[7] 이런 시각은 결국 구조주의적으로 옛 선조의 지혜가 녹아있는 옛 도시구조를 합리적으로 분석하여 법칙을 발견하고 그 지혜를 현대성에 맞게 재조명할 수 있도록 노력해야한다는 주장인 것이다.

7) A. Luchinger, 구조주의 건축과 도시계획, 세진사, 1997, p78

1960년대 말과 70년대 초에 영국의 쿨렌과 미국의 린치는 다음과 같이 도시환경의 질에 대한 평가를 하였는데 그것은 둘 다 구조주의적인 접근방식이었다.

구분	고든 쿨렌[8]	케빈 린치
학파	영국학파	미국학파
직업/직능	편집자/화가	교수/건축가
도시연구목적	도시환경의 질에 대한 평가	도시의 적절한 재건
방법	시각분석(스케치, 사진)	시각분석(스케치, 사진)
개념	연속시각(serial vision)	연속시각(serial vision)
대표저서	The Concise Townscape (Architectural Press, 1961)	The Image of City (MIT Press, 1960)
연구특성	주관적, 비과학적, 개념적기술	객관적, 과학적, 학문적 분석
도시요소의 유형추출	건국과 회화, 시학적이고 실질적 환경의 특질	에지, 노드, 패스, 랜드마크, 디스트릭트
주요해석기법	기호화	서술
적용	Runcorn New Town1966	New Town of Guidad Guayand1969
평가	도시에 대한 분석 및 설계의 도구 제공	도시설계의 범위와 개념의 열쇠 제공

한편 린치는 도시이미지는 독창적이며 도시경관에 대한 시대의 요구를 반영해야 한다고 주장한다. 도시환경이미지의 성분은 정체성identity, 구조성structure, 의미meaning 등으로 구분할 수 있다고 생각했고 도시이미지의 5가지 구성과 함께 동태적 도시구성 형태urban dynamic pattern 등을 들 수 있는데 거기에는 입도grain(인구밀도, 용적률), 접근성accessibility(교통시설 패턴이 시간적 차원), 초집구성focal organization(활동위치의 공간적 표현) 등으로 구분했다.

한편, 케빈 린치는 외부공간의 크기를 다음과 같이 거리별로 인지할 수 있는 요소들이 달라지는 것을 발견하여 이론을 정립했다. 이것 역시 인간이라는 신체적 특성 및 한계에서 느끼게 되는 공간속 에서의 인지 특성을 근본적으

8) 대한국토 도시계획학회, 도시설계, 보성각, 2007, p42인용

로 연구한 것이었다.
예를 들어 1~3m에서 사람은 그 이웃한 사람과의 감정을 교류할 수 있는 거리로 느끼게 되며 15m까지는 상대방의 얼굴표정을 명확하게 인지할 수 있는 거리로 느끼게 된다. 25m는 사람을 식별할 수 있는 거리이며 130m정도는 사람을 발견할 수 있으나 얼굴표정의 식별은 안 되는 거리라는 식이다.

결론적으로 린치의 도시이미지 분석방법은 유형학과 관련된 도시경관분석에 있어서 건축전체 발전과정의 총체적 접근방식이라고 할 수 있다. 아무 것도 없는 상태에서 무언가를 만들어낼 수는 없다. 그래서 건축은 역사적 선례에 깊이 빚을 지고 있다. 건축생산은 선조들이 축적해 놓은 보편적 원리(구조)에 근거하고 있기 때문이다. 따라서 유형은 과거 선조로부터 경험적으로 축적되어온 건축적 유산의 총체로서 나타나는 것이다. 우리는 이러한 유산의 요소들을 합리적 이성과 감성으로 분석하는 과정을 우선적으로 수행해야 한다. 그 과정을 거치면서 우리는 현대성에 적합한 것을 선택하여 재구성하는 단계를 거쳐야 하며 그럴 때만이 비로소 동시대적인 건축으로 유형을 이용하여 계승했다고 할 수 있을 것이다.

만약, 역사성에 근거한 지식을 바탕으로 하여 이러한 과정을 거치지 않고 유형을 사용한다면 그것은 단순히 건축물의 이미지를 소비하는 자본의 생산과 소비의 빠른 순환주기에 빠지게 되어 본래의 취지를 잃어버리고 빠르게 소비되거나 몰락하게 될 것이다. 그 건축은 역사 속에서 현실에 발을 걸치지 못하고 자신의 위치를 잃어버린 채 표류하다가 부조화 속에 생을 마감하게 될 것이다.

네덜란드 구조주의와 이탈리아 신합리주의

서구의 근대성을 규정하는 합리성은 바로 도구적 합리성이었고 이것이 합목적적 행위로 현실화된 것이었다. 2권에서 논의했던 바와 같이 현상학적 사유체계는 이러한 방식에 대응하여 문제점을 제기하고 이성의 폐해에 반동적으로 반성하여 직접적으로 그것을 치유하고자 하는 철학적 흐름이었음을 이야기했다. 또한 하이데거식의 건축적 적용방식과 현상학적 사유체계는 모두 획일적인 이성의 폐해를 넘어설 수 있는 방식을 연구한 것이었다. 그러나 현상학적 사고가 힘을 잃으면서 자연스럽게 인류의 공통적인 근본적 구조를 통해 인간성을 회복할 수 있는 사유방식이 나오게 되었고 그것이 바로 구조주의의 흐름을 형성했다.

이 흐름과 연계된 건축분야의 움직임은 다음과 같다.
모더니즘과 국제주의 양식으로 상징되는 CIAM 국제회의에서는 국제주의 5원칙을 교리화시켜서 전 세계의 시민들이 위생적이고 안전하고 쾌적한 공통적인 주거를 제공한다는 이데올로기를 퍼뜨렸다. 실제로 이러한 움직임은 상당부분 일반 대중들의 삶의 질을 향상시킨 것이 사실이다. 그러나 광범위하게 이러한 교리가 성공적으로 이식되고 난 이후에 기능주의와 이성적인 부분의 폐해가 건축, 도시 및 인류문화 전반에 나타나기 시작했다. CIAM회의 이후의 Team X (팀 텐) 그룹 구성원들은 이러한 국제주의 양식이 더 이상 미래를 보장해 줄 수 없다고 생각했다.

2차 세계대전 이후 네덜란드 구조주의 계열의 건축가들은 CIAM이라는 명칭을 '사회적 구조와 건축적 구조간의 상호관계를 연구하는 그룹'으로 바꿀 것을 요청했다. 이미 건축분야에서도 모더니티의 폐해를 대체할 부분을 구조주의의 사유아래 극복하고자 하는 움직임이 일어나게 된 것이다.

알도 반 아이크Aldo Van Eyck는 오래전 별세했지만 헤르만 헤르츠버거Herman Hertzberger는 요즘도 노구의 몸을 이끌고 네덜란드 델프트 공대와 베를라헤 인스티튜트에서 강연을 하곤 한다. 오늘날 네덜란드 구조주의 건축에 대한 이야기는 예전만큼의 힘을 발휘하지 못하는 것처럼 보이는 것이 사실이다. 그러나 그는 오늘날의 건축이 정말로 중요한 것을 잊고 있거나 잃어버렸기 때문에 네덜란드 구조주의 건축의 취지를 다시 생각해 보고 건축의 휴머니즘을 회복해야 한다고 설파한다. 그의 강연을 듣고 있으면 오늘날 자본의 순환구조속에 빠져 패션화가 되어버린 건축적 상황을 반성하게 된다. 오늘날

59. CIAM의 사망선고, Otterlo회의 이후, 아래쪽 알도 반 아이크

자신의 아이덴티티를 살리기 위해 과격한 몸짓을 하고 있는 디자인이나 유명해지고 주목받고자 하는 욕망으로 인해 나타나는 과도한 건축디자인에서 헤르츠버거의 디자인의 사유와 가치를 찾아보기 힘든 것이 사실이다. 이처럼 그의 건축과 사유는 자본적 속성에 빠져 근본적인 요소를 잃어버린 건축인들에게 많은 반성을 하게 만드는 강한 울림이 있다.

네덜란드 구조주의는 알도 반 아이크, 바케마J. B. Bakema, 헤르만 헤르츠버거 등이 주축이 되어 1959년-63년 동안 편집을 한 건축지 'Forum'과 아이크의 작품활동을 중심으로 한 새로운 경향의 네덜란드 건축을 건축비평가인 A. Luchinger가 구조주의라 명명함으로써 시작된 용어이다.

네덜란드 구조주의 건축가들은 인간의 근본에 해당되는 본성의 원초적이고 근본적인 구조를 재발견하여 이를 건축적으로 해석하고 적용시키는 방법론

그림60, 61. 풍토건축의 사례

에 관심을 가졌으며 원시문명의 연구까지 폭넓은 이론적 배경을 연구했다. 그들은 형태나 공간크기의 모티브를 주로 원시 부락의 형태에서 추출했으며 이 형태를 그대로 사용하기 보다는 반복적으로 사용할 수 있는 기본 원형을 추출해 현대건축에 맞게 재해석하고 변용하는 방식을 사용했다.

네덜란드 구조주의 건축가들은 방대한 여행을 통해 아프리카나 북미대륙과 같은 옛 문명을 연구했다. 또한 이들은 2차 세계대전 후 피폐해전 건축에 대한 해결책을 원시형태에서 찾으려고 했고 과거의 요소에 관심을 집중하여 인간의 원초적인 요소를 재발견하려고 했다. 또한 원초적 요소를 원시 부락에서 찾으려고 노력했다.

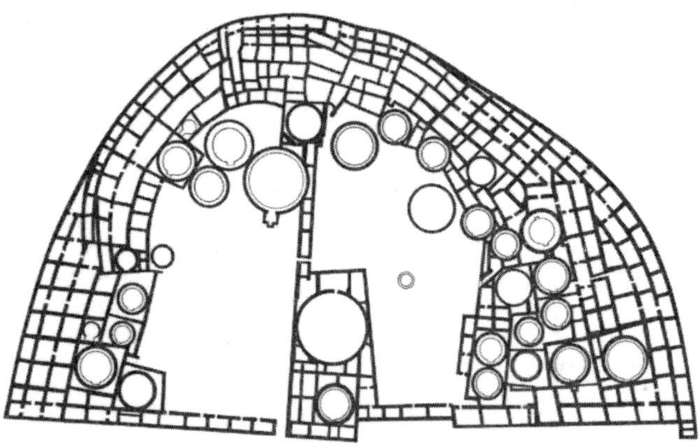

62

Pueblo Bonito, New Mexico

62. Pueblo인디안 마을 배치 다이어그램

그들은 1960년대 초반부터 뉴멕시코의 Pueblo 인디안 마을, 서아프리카의 Dogon 마을, 그리고 극지방, 사하라 주민주거 지역 등 고대문명 주거형태와 커뮤니티를 답사하고 연구했다.

그들은 마을 구조를 구성하는 공통적 특성과 공통의 치수 등을 고려하여 설계에 반영했다. 이러한 과정을 통해서 그들의 작품은 과거에서 현재에 이르는 지속적으로 변하지 않는 항구적인 형태가 존재할 수 있다는 믿음 속에 진행되었다. 네덜란드 구조주의 건축가들은 유동성과 다양성을 중시한 새로운 형태, 전체에 대한 부수적인 형태 등을 통해 고도산업사회에서 소외된 인간성을 회복하는 사고 등을 전개하고 이것을 건축에 표현했다.

구조주의 언어학	랑그(Langue)	파롤(Parole)
사용되는 부분	사회적 약속	개인실현(의미생성)
변경여부	변경 불가능	변경가능
사회적 의미	추상적인 것	구체적으로 사용

우리는 앞서 소쉬르의 언어구조주의를 살펴보면서 랑그와 파롤의 개념에 대해서 살펴보았다. 네덜란드 구조주의 건축가들은 이렇게 랑그와 파롤의 개념을 도입했으며 개인적 해석에 해당되는 파롤은 사회적인 혹은 개인적인 이유로 변경하여 사용가능하고 언제든지 시대나 주위 여건에 따라서 변화할 수 있는 것이지만 랑그는 암묵적인 심층 구조의 사회적 규약의 요소로서 변경 불가능하고 추상적인 것이다.

네덜란드 구조주의 건축가들은 옛 원시 부족의 건축 및 패턴에서 공통적으로 사용되는 치수 내지는 배치방식, 건축방식 등의 랑그적 요소(사회적 규약)가 있음을 발견했고 그러한 패턴을 현대적으로 재해석하여 현대건축에 적용하려고 했다. 이 과정에서 모든 것을 다 계획해 주는 것이 아니라 일정 부분 개인이 주거하거나 사용하면서 변화시키거나 변용 가능한 부분을 의

도적으로 삽입시킴으로써 파롤의 언어학적 개념을 실현시키고자 했다. 옛 선조로부터 내려오는 유형적 원형에 의한 구조를 계획해 주는 것은 랑그적 특성이라고 볼 수 있고 자의적 구성의 여지를 통해 각자의 의미를 부여하고 의미를 만들어나가는 과정은 파롤에 해당되는 것으로 볼 수 있다.

네덜란드 구조주의 건축에서 보여지는 일반적인 형태적 특성은 원시부락에서 유추된 기본형태를 사용하면서 다의적 형태와 분절된 형태가 반복적으로 사용되는 특성이 있다. 그 과정에서 재료는 내·외부를 동일하게 표현하고 있는데, 이것은 원시부족이나 고대건축에서 보여지는 건축의 내외부 재료가 동일하게 적용된 것과 유사하다고 볼 수 있다.

그들은 내부공간의 전이적 영역을 중요시하게 생각하여 내부 가로와 대각선 방향의 개방된 구조를 통해 도시같은 내부가로의 요소들을 시각이 펼쳐질 수 있도록 했으며 미로와 같은 내부공간을 계획함으로써 내부에서 다양한 행위들과 사용자들의 접촉이 활성화될 수 있도록 했다.

2권에서 살펴보았듯이 건축분야에서 부르탈리즘은 순수한 재료 본연의 느낌을 살리거나 극대화시키는 방법론을 사용한 측면이 강하다. 원시부족의 주거재료는 내·외부가 동일한 것에서 영향을 받았다고 볼 수 있고 이러한 부분은 고대도시에서도 찾아볼 수 있다. 원시부족의 공간구성형태와 함께 원시적 구축방식의 은유, 재료의 은유를 통해 그 지역의 구조적 특성을 드러내는 방법론이 네덜란드 구조주의 건축에서도 주요한 표현방법으로 쓰였다.

63. 헤르만 헤르츠버거의 Centraal Baheer 시청사

3017 알도 반 아이크의 건축작업

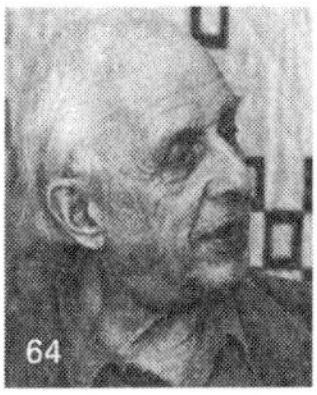

알도 반 아이크Aldo Van Eyck는 1950년대에 푸에블로 부족 취락을 조사하고 연구(원시취락의 건축적 조사)했다. 북아프리카의 원주민 주거의 원시형태에서 모호성 속에서 명료성 또는 북아프리카에 있는 성곽 내부지역이나 체계적인 질서를 연상시키는 조직된 카스바Casbah구역과 같은 언어심상(도시의 어휘적 구조)을 연구했고 이것은 후에 이들의 건축형태에 적용되었다. 물론, 권력이 지배하는 영역처럼 체계적인 계획으로 실행되는 부분도 있지만 대부분은 우리의 산동네와 같이 비슷한 원형적 평면 및 입면구조가 마치 프랙탈 구조와 같이 덧붙여져 가면서 informal city를 만들고 있는 것이다.

이것은 문화인류학자인 레비 스트로스가 원시 부족과 같이 생활하면서 연구하여 씨족관계와 혼인관계, 종교제례 의식 등이 문명화된 사회와 유사함을 밝혀낸 것과 같은 것으로 생각할 수 있다.

64. 알도 반 아이크의 초상
65, 66. 커뮤니티 공간의 연구

구조주의적 사고에 영향을 받은 알도 반 아이크는 아프리카 부족 및 다른 민족들의 취락들을 상당 수 연구하여 공통적으로 발견되는 인간적 치수의 공간구조를 추출했다. 그는 공간과 주거군이 어느 정도의 크기와 공간으로 배치되었을 때 가장 적절하다고 느끼는 지에 대해서 자료를 수집했다. 그러한 연구를 바탕으로 공간요소의 추출과 취락의 군집형태 기법의 개척이라는 목적에 초점을 맞추어 계획을 진행시켜 나갔다. 그러한 사유를 아이크는 암스테르담의 고아원(1955~56) 계획에 적용시켜 문화 인류적인 공동체적 공간을 구현했다.

67. 암스테르담 고아원 내부의 놀이공간

68. 암스테르담 고아원 전경
69. 고아원 아이들의 놀이공간
70, 71. 암스테르담 고아원 내부의 구조

고아원에는 태어난 지 얼마 안 된 아기부터 20세 청년까지 다양한 연령이 살고 있다. 하나의 돔에는 8개의 방이 있는 공간으로 구획되어 있으며 돔 자체는 하나의 집을 의미하고 공동체 단위를 의미한다. 아이크는 도시가 하나의 커다란 집이어야 한다는 신념 하에 집 자체를 하나의 도시처럼 디자인했다. 내부의 가로는 외부의 가로가 연장되어 내부까지 흘러들어가는 도시적 구조를 띠고 있다. 공공영역에서 사적 영역으로 자연스럽게 유도되는 평면 구조는 미묘하게 전이되고 있다.

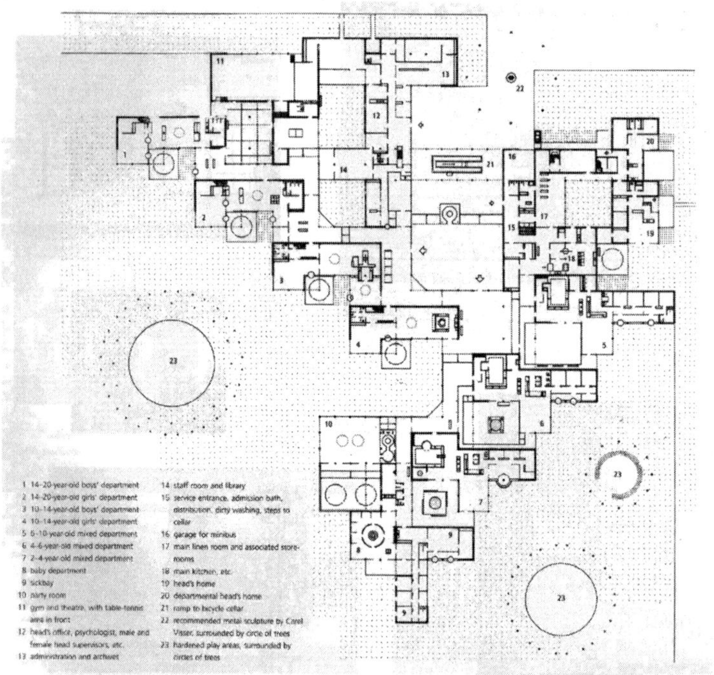

72

72. 암스테르담 고아원 1층 평면

만약, 여러분이 한국 고건축의 대부분을 답사하면서 한국적 비례와 치수를 연구하여 한국적 치수의 공간과 한국적 유형의 배치, 취락 및 형태의 비례체계를 설계에 현대적으로 적용시키는 작업을 한다면 그것이 바로 구조주의적 관점의 건축행위라고 할 수 있다. 달리 말해 공간 인류학적 접근방식이라고 할 수 있다.

한국 현대건축의 위상을 업그레이드시킨 고 김수근 선생이 한국 사찰들과 고건축을 답사하면서 한국적 공간과 치수를 혹은 배치로부터 나온 영감을 자신의 건축에 적용시키려고 했던 작업들은 이런 맥락의 하나로 이해할 수 있을 것이다. 공간사옥 외부공간의 중간영역과 한국인의 인체치수에 어울리는 지층과 같은 공간, 다른 나라에는 없는 마당이라는 독특한 공간을 재해석하여 현대공간에 적용시킨 것 등은 한국 건축공간의 유전자에 대한 근본적인 연구를 통해 현대적으로 재해석하여 구현한 좋은 사례이다. 김수근 선생은 나의 건축행위로 타인이나, 사회, 주변, 자연 등에 피해를 주거나 부정적인 영향을 주는 점은 없는지 고려해야 한다는 네거티비즘을 주장했다. 네거티비즘이 고려하는 사항은 환경적으로 적정공간, 자연공간인지 고려해야 하고, 사회적으로는 통합공

73. 내부의 커뮤니티 공간
74. 외부공간
75. 김수근 선생의 초상

간, 공유공간인지 고려해야 하며, 기능적으로는 한국인 치수에 적합하고 안락한 어머니의 자궁과 같은 공간이 되는 지를 고려해야 한다는 점을 주장했다. 한국적 상황에 어울리는 건축적 유전자를 재창조하고자 했던 시도는 지역주의적 시각과 구조주의적 사유가 동시에 내재되어 있다고 보아야 할 것이다.

76

77

네덜란드 구조주의 건축가들은 사회적 접촉과 감각적 교류의 강화를 통해 사람들의 참여에 의한 경험현상을 중시했다. 그들은 기억과 관련된 친숙한 요소와 공공가로에 의한 공간경험에 의미를 부여하는 작업을 통해서 사

76. 공간사옥의 중간영역
77. 청주박물관의 전통마을 구성배치와 이미지

용자의 중심의 환경을 만드는 것을 중요한 가치로 삼았다. 다음에서 살펴볼 헤르만 헤르츠버거의 작품들이 그렇다. 그는 사용자가 스스로 만들어 나가는 여지를 남겨놓는 것을 특히 중요시 했는데 그는 이것을 공동결정co-determination이라고 칭했다. 그는 랑그와는 달리 파롤로서의 역할을 할 수 있는 건축적 요소를 삽입하여 이웃과의 친교관계, 거주자의 식별성, 상호 연결된 건물복합체 등으로 기존의 유한적 체계에 더욱 긴밀히 반응할 수 있는 공간의 필요성을 강조했다. 이렇게 네덜란드 구조주의 건축의 성향은 공간에 사용자의 참여의 여지를 남겨놓는 다의성과 미완성을 강조했다.

네덜란드 구조주의 건축의 구성 특성을 살펴보면, 공통적인 건축의 심층 구조를 밝혀내어 그것을 현대건축에 적용함에 있어서 심층 구조를 통해 나타났던 요소들을 반복 사용하는 특성이 나타난다. 이 과정에서 건설요소의 표준화를 이용하는 동시에 미적인 문제를 해결하려는 시도를 하게 되었고 이것은 군집을 이루면서 만들어내는 미학적 방법론이 되었다. 그들은 이러한 방법론을 추구하여 이른바 수의 미학을 추구하는 작품들을 선보였다. 즉, 동일한 유형의 구조가 계속해서 반복되는 듯한 매스구성을 보이고 있다. 구조주의 건축가들이 주거건축을 계획할 때에는 유사한 주거단위를 반복하는 기법이 자주 사용된다. 이 방법론은 하나의 주제 및 단위체가 변환되거나 다양화하는 식으로 반복 전개하는 것을 의미한다. (근본적 구조와 반복) 이들은 의미전달의 잠재적 매개체, 그리고 구조적 기능 이외에 다양한 능력을 발휘할 수 있는 구조체로서의 형태를 도입하는 모습을 보인다. 따라서 알도 반 아이크의 작품들은 주택 같은 도시, 도시 같은 주택을 계획하는 특징이 있다.

알도 반 아이크의 작품들 중에 헤이그Den Haag에 있는 신교회Protestant Church는 푸에블로 인디안 마을의 원시부락의 모습에서 유추된 형태를 취하고 있는데, 이 건축물은 높이 솟아 있는 나무들 사이에 원통형의 콘크리트 기둥과

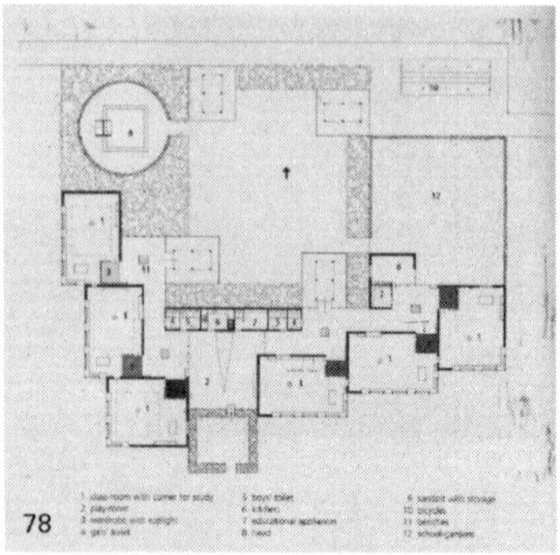

78

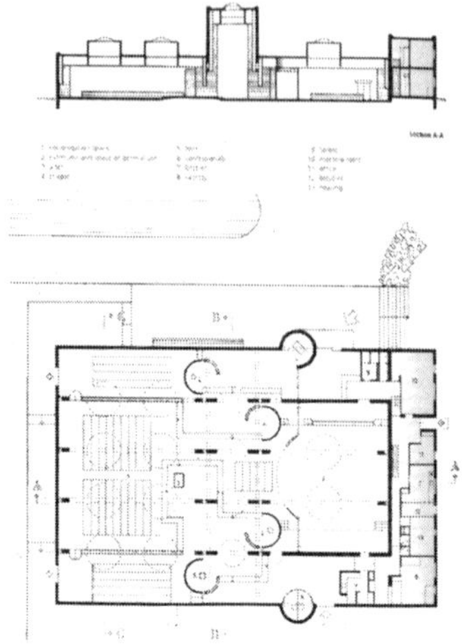

79

80

81

82

83

78, 79. 헤이그 신교회Protestant Church 평면
80, 81. 헤이그 신교회 내/외부 전경
82. 인류공통의 제례의식공간의 구현
83. 헤이그 신교회 동굴 이미지와 제단

스크린형 벽을 통해 원형의 느낌과 공간을 구현하고 있다. 그가 이 교회 프로젝트를 통해 구현하고자 했던 것은 우리가 일반적으로 생각하는 교회의 기능에 충실한 공간을 만들고자 한 것이 아니었다. 그는 문화인류학적인 접근방식으로 고대로부터 내려왔던 인류의 제례의식 공간의 원초적 특성이 나타나는 제례공간의 근본적 공통분모를 형성시키려고 노력했다.

그가 계획한 로마 카톨릭 교회Roman Catholic church에서는 인류역사상 제례의식의 형식으로 많이 사용되었던 제단들과 토굴의 이미지에 영향을 받아 수평적 볼륨과 높은 고딕 볼륨이 결합, 토굴 같은 공간과 상호작용을 하는 것을 표현했다. 이것은 마치 한 마을에 개별적 공간과 공공공간 그리고 그 가운데 위치하는 성소 및 제례 공간 등의 중간적 영역을 설정하여 배치하고 공간화함으로써 마치 고대의 제례의식적 공간을 보는 느낌이 들도록 구체화하는 방법론을 사용한 것이었다.

또한 이 공간에서는 쌍자 현상twin phenomenon의 상반적 성격이 동시에 드러나는 것을 중시하여 계획당시 개별적인 것과 집단적인 것, 사적인 것과 공적인 것, 부분적인 것과 전체적인 것, 통합적인 것과 다원적인 것, 많은 것과 적은 것, 단순한 것과 복합적인 것, 큰 것과 작은 것, 폐쇄적인 것과 개방적인 것, 내부적인 것과 외부적인 것, 거친 것과 부드러운 것, 지속적인 것과 가변적인 것, 동적인 것과 정적인 것들이 조화를 이룰 수 있도록 했다.

네덜란드 구조주의를 이끌었던 알도 반 아이크는 델프트 공대에서 교편생활을 하면서 작품활동뿐만 아니라 학생들에게 인본주의적인 정신을 불러일으키는데 많은 공을 들였다. 그는 이성의 도구화가 만들어놓은 황폐한 현실을 앞서 설명한 구조주의적 관점으로 이성적이면서도 인본주의적인 태도로 극복하고자 했던 실천적 지식인이었다.

3018 헤르만 헤르츠버거의 건축작업

헤르만 헤르츠버거는 알도 반 아이크와 함께 네덜란드 구조주의를 이끈 건축가로 구조 인류학에 관심이 많았다. 또한 헤르만 헤르츠버거의 언어학에서 유추한 언어모델을 건축사상에 적용했다. 앞에서 살펴본 바와 같이 언어학은 구조주의의 시초가 된 주요학문 중 하나이고 이 분야에서 영감을 얻어 작업을 수행했다는 점에서 그는 분명 구조주의 건축가이다.

레비 스트로스가 인류는 보편적 구조(법칙)아래 놓여 있다고 주장한 바와 같이 헤르츠버거는 인간의 원초적 상황을 보여주는 원시 고대 문명을 연구범위로 정하고 친족체계와 신화체계 등을 분석했다. 그는 앞서 살펴본 알도 반 아이크와 같이 언어학의 랑그(기표)와 파롤(기의)의 요소를 분석하여 적용했으며 건축분야에 있어서도 사회적 약속으로 나타는 기본적 구조로 형성되는 공간 및 표현과 함께 사용자의 의도에 따라 변화될 수 있는 부분을 반드시 삽입했다. 이것은 한 공간에는 항상 대립적이거나 모순적인 현상이 동시에 공존하게 된다는 그의 쌍자 현상twin phenomenon과 연속성이었다.

헤르츠버거는 유럽의 옛 도시들을 많이 답사하면서 도시건축의 근본적 특성에 대해서 문화인류학적 관점으로 접근하여 연구했다. 그는 이탈리아의 루카Lucca, 프랑스의 아를르Arles에 있는 버려진 원형 극장의 유적을 거주자들이 변형시켜 주거지로 만들어낸 독특한 마을구성에 주목했다. 이들 주거를 연구하면서 그는 고대에 있었던 유적을 이용하여 만든 주거들이 거대구조물들을 이용하여 자신의 사적 공간들을 형성시켜 나가는 방식에 주목했다. 그 과정에서 그는 이 주거군에서 각 주거들마다 자신의 의도대로 사적 공간들을 만들어나갔지만 그 가운데 자연스럽게 통일감을 형성하면서 균형을 이루어 나가고 있음을 발견했다. 그는 마치 우리나라의 산동네에서의 균형과 통일감을 보이면서 사람 사는 냄새가 나는 정감 넘치는 모습을 발견하고

84. 프랑스 Arles 원형극장 주거
85. 이탈리아 Lucca의 마을구조

건축적인 가능성을 탐색할 수 있다고 생각한 것이다. 또한, 그는 이 과정에서 인간이 형태를 만들고 형태는 다시 인간에게 상호영향을 끼치게 된다는 것을 인식하고 공동결정의 개념을 완성했다.

그는 거주자의 발화(발화: Parole)로 여겨질 수 있는 공동결정co-determination을 주제로 그의 건축적 개념을 발전시켰다. 공동결정이라는 것은 엘리트의 입장에서 훌륭한 건축을 제공하는 것이 아니라 거주자가 참여하는 건축을 추구하는 것이다. 기의의 사회적 결정은 각 사회가 임의적으로 스스로 만들어나가면서 의미가 발생하는 것이기 때문에 스스로 만들어 나갈 수 있는 공간의 중요성을 역설한 것이다.

그는 최소한의 주거, 근본적인 구조가 되는 부분을 연구하여 제공하고 그 속의 내용물의 일부를 거주자들이 참여하여 만들어나가는 과정을 통해서 공동으로 결정하는 것이 바람직하고 이런 방식으로 거주군집을 이루는 과정이야말로 소외극복의 과정을 만들 수 있는 것이라고 생각했다. 헤르츠버거는 근본적인 구조를 발견하고 적용함으로써 인간본성의 불변의 원리를 재발견해야 한다고 주장했다. 다시 말해, 인간사회에는 과거로부터 지속되어 온 변하지 않는 근본원리가 있으며 불변하는 조건을 발견해야 건축도 영속성을 표현할 수 있다고 생각했다.

86, 87, 88. 유럽 도시광장의 액티비티

89. 도시의 장소성과 인간행태

앞의 그림은 연인들이 밀담을 나누며 사랑의 언어를 속삭이는 장면을 보여주고 있다. 우리는 도시의 어느 장소에 가면 이와 같이 이상하게도 무언가의 행동을 촉발시키는 분위기를 만들며 그 분위기에 편승하게 만드는 공간적 구조가 있음을 인정하게 된다. 인간이라는 특성의 신체를 지니고 있기 때문에 인간도 동물의 한 종이라고 생각한다면 인간만이 지니고 있는 독특한 행태가 있으며 주위 환경 및 공간과 반응하여 인간 특유의 행위가 드러나게 된다. 유흥가 주변에 술을 먹고 구토를 하거나 노상방뇨를 하는 으슥한 장소가 도시에는 꼭 존재하게 마련이다. 또한, 도시에는 범죄에 취약한 장소가 존재한다. 도시의 특정한 지역에 특정기능이 밀집하는 경우도 인간이라는 신체나 사회구조적 특성에 따라 구조화되어 있고 우리는 그 구조속에서 자연스럽게 그렇게 행동하도록 프로그램화 된 것처럼 느껴질 때도 많다.

헤르만 헤르츠버거의 건축은 구조주의 건축의 진수를 보여주고 있다. 앞서 살펴본 그의 건축의 일반적인 성향과 함께 구조주의적 성향을 보이는 그의 건축어휘를 살펴보고 특성을 파악하는 것은 인간성을 회복시킬 수 있는 인본적 공간을 되살릴 수 있는 좋은 방법이다.

–시간의 투명화와 이미지 집합 Transparency of Time

구조주의적 관점에서 헤르츠버거는 과거부터 본질적으로 변하지 않는 인간의 불변하는 조건을 재발견하는 것을 중요한 가치로 생각했다. 인간의 심층 구조에는 인류 역사의 경험이 축적되어 있고 그것을 재해석하여 되살림으로써 시간의 깊이를 가지면서 연속성을 가질 수 있다. 그는 이러한 가치를 '시간의 투명화transparency of time'라고 정의했다. 또한 그는 인류공통의 심층 구조 속에는 완전히 새로운 것은 있을 수 없고 역사의 흐름 속에서 다만 이미지를 새롭게 만들어내면서 재평가하는 이미지의 집합만이 있을 뿐이라고 이야기 했다. 이런 관점은 역시 역사적 흐름과 연속성을 중요시한 사고라고 할 수 있다. 종종 그는 원시형태나 전통도시에서 그가 추구해야 할 건축적 방향성에 대한 영감을 발견하곤 했다.

–쌍자 현상 Twin Phenomenon

역사는 항상 양면적인 특성이 있다. 그의 건축공간과 건축관에 있어서도 역사를 중요시하는 것과 함께 양면적 가치를 중시하는 관점이 있다. 개별적인 특성을 잃지 않으면서도 양면적인 현상이 동시에 기능할 수 있는 것이 필요하다. 그래서 구조주의 건축가들은 그들의 작업을 마을과 같은 주거단지 혹은 도시와 같은 주택이 될 수 있도록 계획했고 역으로 건물의 내부공간이 복잡함과 혼란함을 지닌 도시와 같이 다양한 의미를 내포하는 것이 바람직하다고 생각했다. 그의 건축은 인간적인 치수의 기본단위가 모여서 군집을 이루는 가운데 다양한 변화의 내부 가로공간을 계획하여 내부에서 충분히 마을의 중심공간과 가로와 같은 공간들에서 다양한 행위들이 일어날 수 있도록 계획해 준다.

–공동결정(Co-Determination)

인간은 주어진 환경 속에서 적절하게 반응하고 대응하면서 자신의 주거를 만들어나가는 경향이 있다. 소위 '건축가 없는 건축'이나 산동네에서는 자연스럽게 균형을 이루어가면서 생태적으로 훌륭한 공동체와 공간구조를 만들

90. 옛 마을의 공공공간
91, 92. 거주자들에게 스스로 만들어나갈 수 있는 여지부여

어나가고 질서를 유지하는 것을 확인할 수 있다. 또한 인간은 자기가 스스로 결정하여 만든 환경에 애착을 갖기 마련이다.

이런 점에서 헤르츠버거는 건축가는 전체적인 관점의 근본적인 구조를 부여하는 역할이 주가 되어야 한다고 생각했고 거주자들이 공간들을 자신의 해석에 맞추어 변화시키고 균형을 맞추어나갈 수 있는 여지를 부여하는 것이 중요하다고 믿었다. 따라서 그의 건축에는 항상 사용자가 변화시켜 나갈 수 있는 여지가 부여된 공간이 항상 존재한다. 이처럼 그의 건축자세는 신적인 위치에서 엘리트의 소수 건축가가 완결적인 건축을 삽입하는 방식과는 매우 다른 관점의 건축이라는 것을 확인할 수 있을 것이다.

-다의적 형태와 분절형태 내·외부 동일 재료 사용

공동결정이 중요한 이유는 역시 다의적인 형태를 디자인에 반영하여 사용자의 해석에 따라서 창조적인 다른 방식으로 사용될 수 있도록 한다는 점에 있다. 거주자의 선택가능성을 넓혀 주면서 사용특성에 따라서 변화가 가능하도록 하는 것이다. 헤르츠버거가 계획한 몬테소리 유치원의 경우 단위구조가 집합군을 이루어 마을과 같은 공간형태로 나타나고 있다. 또한, 내부의 거실 중앙의 사각형 구멍은 사용자에 따라 앉거나 다양한 놀이를 할 수 있는 요소로서 사용자 결정을 중요시한 디자인으로 되어 있고, 사각구멍에 넣거나 쌓을 수 있는 박스들은 의자로 사용되는가 하면 블록놀이를 하거나 들어가서 숨을 수 있는 장난감으로도 이용된다. 구조에 있어서는 개별적인 묘듈의 공간이 연속되게 계획함으로써 이후 분리나 확장이 용이한 구조로 전환될 수 있도록 계획되었다. 전술하였듯이 이러한 과정은 공장식의 프리패브 공법으로 쉽게 확장할 수 있는 시스템을 만든 것이기도 하다.

–작품분석

Cetraal Beheer 시청사의 계획의 경우, 헤르츠버거는 업무자들에게 전체 공간에서 개별화 된 발코니와 소규모 공간을 제공하며 내부 가로를 바라볼 수 있게 했고 지나가는 사람들과 소통할 수 있게 했다. 발코니 모퉁이의 모든 공간은 공개된 홀 내에 꾸며진 개별건물과 같이 이해된다. 이러한 공간과 요소들은 개별적으로 자신의 의도에 따라 장식하고 꾸밀 수 있도록 되어 있다. 큐빅하우스는 하나의 입방체가 하나의 가구를 형성하면서 매스의 중앙에는 중정이 배치된다.

93. Cetraal Beheer 시청사
94. 공용공간의 소통구조
95. 시청사 내부의 모듈

96

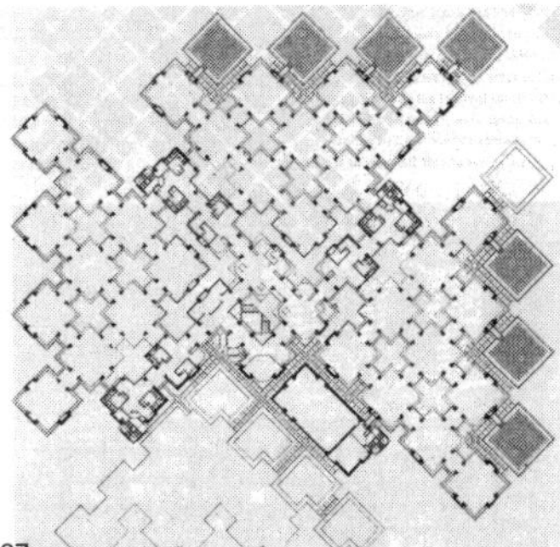

97

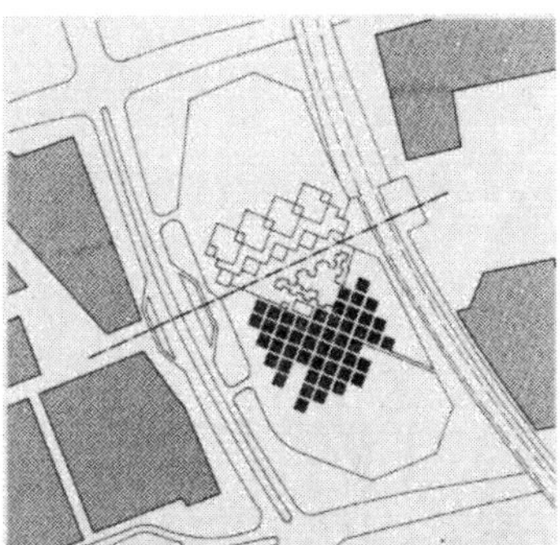

98

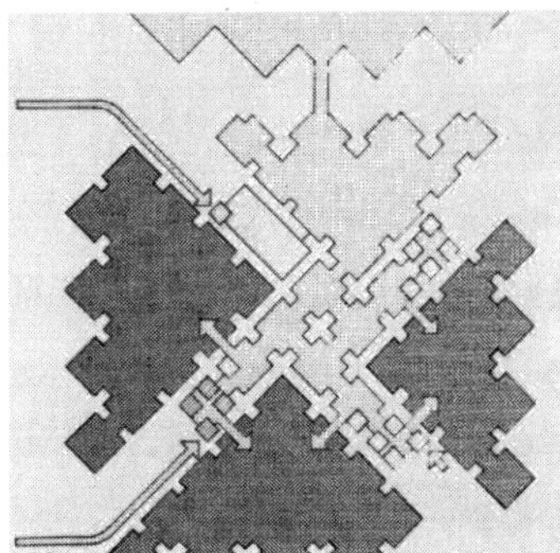

99

헤르츠버거의 Cetraal Beheer 빌딩은 폭 9m의 단위모듈 3m 폭의 단위로 구성된 시스템이 기본이 되어 반복되는 형태를 보이고 있다. 이것은 주도적인 것과 부가적인 것의 계급성을 초월하여 거대한 공간에서 변용되는 작은 유닛들이 반복되는 형태로 구성된다. 하나의 마을과 같은 내부공간의 오픈스페이스와 가로들에서는 다양한 행위들이 일어나고 서로 관심을 가지고 이야기를 나눌 수 있는 마을공동체적인 삶의 행태가 나타날 수 있다. 이 건축물에는 인간적인 스케일과 인간적인 마을의 공동체적 공간, 공동결정할 수 있는 사용자가 만들어나갈 수 있는 공간들이 부가적으로 주어지면서 참여

96, 97. 기본모듈의 생성
98. 모듈 사이공간의 내부 가로생성
99. 시청사의 배치와 기본모듈의 집합과 내부 가로

100. 내부 가로의 전경

하여 만들어나갈 수 있는 공간을 부여하는 따뜻한 건축가의 마음을 느낄 수 있는 공간이다.

지금까지 살펴본 바와 같이 네덜란드 구조주의 건축경향은 구조주의 철학이 가지고 있는 사유의 근본적 취지에 가장 적절하게 반응한 건축적 움직이었다. 네덜란드 구조주의 건축가들은 역사상 인류 근본구조에 내재되어 있는 건축적 유산들을 연구하여 현대적으로 재해석하고 그 근본구조를 구축하여 인본적인 공간을 부여했다. 이 과정에서 거주자들은 스스로 결정하여 만들어나갈 수 있는 공간의 여지를 남겨두고 상호교류를 촉진시키는 공간 구성을 추구할 수 있었다. 이를 통해 네덜란드 구조주의 건축은 근대건축이 가지고 있었던 폐해를 극복할 수 있는 건축적 흐름을 만들어냈다는 점에 의의가 있다.

101. 가로에서의 액티비티와 만남

3019 이탈리아 신합리주의

1960년대 이후로 이탈리아에서는 신합리주의Neo-rationalism 혹은 텐덴차(Tendencia, 경향의 뜻)라는 이름의 건축가 그룹들이 활동했다. 건축 유형학이란 건축의 역사성과 연속성 그리고 도시의 특성과 성격을 담고 있는 건축의 존재론적 측면을 강조하기 위해 채택된 이론적 방법인데 건축형태와 건축언어의 구성원칙을 도시와 건축 역사에서 찾아내려고 시도했다는 공통점을 지니고 있다. 이탈리아 신합리주의자들은 우선 과학적으로 각 도시에서의 건축형태와 건축언어를 먼저 연구하고 공통점을 찾아내어 새로운 건축에 창조적으로 적용하려는 시도를 계속했다. 이러한 과정은 사회학, 미학, 철학 정치경제학과 관련되게 마련이다. 신합리주의 건축가들은 건축의 도시적 의미와 도시의 역사적 변천, 그리고 그 속에서 존재하는 건축의 변화과정을 연구해서 도시의 건축에 대한 새로운 규범을 발견하고 인간 역사의 근원적인 동기를 밝혀내고자 했는데 이러한 과정은 모두가 과학적이고 객관적인 방식을 사용한 것이었다.

이들은 건축형식의 심층 구조를 건축의 역사속에서 찾고자 했고 찾는 과정을 과학적이고 합리적으로 수행하고자 했다. 따라서 그들은 기존의 특수사례와 구체적 사실, 보편적 사실로부터 그 지역에서 공통적으로 발견할 수 있는 근본 구조, 즉 보편적 가치와 규칙의 체계를 찾아내어 규범화시키고 적용시키려고 했던 것이다. 어떤 면에서 유형학과 패턴 랭귀지가 추구했던 것과 비슷한 면모를 보이고 있다고 할 수 있다. 그러나 이 방법론은 근본적인 생산양식에 적합하고 오랜 기간 동안 기존의 컨텍스트와 어울리면서 공존할 수 있는 방안을 찾았다는 면에서 기존의 방법론과의 차이가 있다.

그들은 건축을 과학화하려고 했던 18세기-19세기 프랑스 계몽주의 시대의 혁명주의 건축을 재평가하고 건축을 과학적으로 분류했다. 또한 그들은 건축물을 객관적이고 역사적인 법칙성으로 파악하여 형태적인 특성을 현대적으로 적용하려는데 노력을 기울였다. 유형학은 모던시대의 기능적이고 역사와 단절된 외관과 시스템적 건물에 대응하여 나타났던 측면이 있으므로 이데올로기적인 것을 배제하고 단절된 역사를 복원하는 역할을 수행했다. 그들은 물리적 형태와 기능에 대해서 관계를 복원하도록 노력했다. 그들은 건축의 역사와 설계과정을 과학적으로 분석하고 합리적으로 파악하는 것이 가능하다고 생각했다.

국제주의 건축양식은 기존의 역사뿐만이 아니라 표준화로 대변되는 기계적 속성으로 인해 건축의 장소성과 지역성까지도 배격함으로써 사회적 존재로서의 인간의 정체성에 대한 문제, 도시적 맥락과는 무관하게 존재하는 건축의 문제, 어디서나 동일한 문법으로 구사된 건축의 문제들을 파생시켰다. 이후 신합리주의적 건축의 접근방식은 국제주의건축에 의해 상실된 장소의 역사와 도시맥락에 대한 관심을 불러일으키며 도시와 건축의 형태와 역사에 대한 새로운 접근을 가능하게 했다.

그들은 대상지역의 보편적 특성을 추출하고 재해석하는 작업을 수행했다. 기존의 도시적 맥락이나 지역에 새로운 건축물을 창조적으로 삽입시키되 기존 맥락에 잘 어울릴 수 있는 근본적 구조에 관심을 가졌던 것이다. 물론 신합리주의자라고 할지라도 각각의 건축가들의 특성에 따라서는 특징이 다르게 나타나고 있다.

주도적 건축가로는 까사벨라 콘티누이타Casabella Continuita가 중심 역할을 맡았으며 그 이후의 주도적인 건축가로는 알도 로시Aldo Rossi, 까를로 아이모니노Carlo Anymonino, 조지오 그라시Giorgio Grassi 등이 있다. 그들은 도시해석과 건축 유형학의 방법을 사용, 건축의 장소성, 역사성의 회복을 목표로 했다.

3020 조지오 그라시의 건축작업

조지오 그라시Giorgio Grassi는 이탈리아 신합리주의 건축가들 가운데 가장 금욕적 태도를 견지한 건축가이자 학자였다. 그는 건축이 도시에 대한 분석의 결과이어야 하며 논리적으로 구축된 결과여야만 한다고 역설했다. 그는 건축설계의 결과물이 주관적으로 흐르는 것을 배격했고 그러한 위험성을 제거하기 위해서 유형에 의해 추출된 형태의 객관성을 찾는 것에 주목했다.
실제로 그의 스튜디오 수업에서 학생들은 지루하리만큼 장식을 배제한 순수한 건물을 주위와 어울리게 배치하면서 수 백 년 이상 존속할 수 있는 근본구조를 연구하도록 지도받는다. 그런 과정에서 자연스럽게 건물은 어떻게 배치되고 어떻게 입구 및 창이 나야 하는가가 가장 중요한 문제이다. 그라시가 생각하기에 장식이나 기능은 변화될 수 있다. 장식은 시대의 흐름에 따라 덧붙여지거나 뺄 수 있다. 기능은 시대에 따라서 칸막이벽을 해체하거나 변용시켜 기능에 순응할 수 있다. 그러나 기본적인 건물의 배치와 입구 그리고 창문의 배치는 변화하기 힘든 근본적인 속성을 지닌 경우가 많다. 따라서 그의 건축은 영원성과 불변성을 추구하여 지역 컨텍스트에 순응한 기본적 생산양식과 관련된 요소들을 집중적으로 연구했으며 형태연구를 통한 규칙판단을 중시했다.

그의 건축은 사회적 조건에 명확하게 대응해야하는데 그 과정에서 그는 궁극적이고 객관적인 본질에 바탕을 둔 근본적 특성을 발견하여 현대적으로 재해석해야한다고 생각했다. 그는 또한 금욕적인 자기제한을 통해 동시대의 건축을 유형학과 역사적 고전주의와 연결해야한다고 생각했다. 따라서 그의 작업은 역사적 도시맥락에 순응하면서 극도로 차분하고 침묵적인 어휘와 색채를 주로 이용하고 있다. 앞서 언급한 바와 같이 구조주의자들은 이

102. 조지오 그라시의 초상

세상에는 새로운 것이 하나도 없다는 입장을 견지한다. 그라시 역시 건축분야에서 작업할 수 있는 유용한 요소들은 이미 역사의 선례에서 충분히 존재하고 있으며 듀랑이 요소들을 추출하여 재조합했듯이 합리적인 입장에서 역사적 요소들을 간략화시켜 재구성했다. 그의 건축에서는 도로에 면한 공공적 특성을 매우 중요시 하여 대칭과 보이드 솔리드의 건축적 유형을 단순화시켜 배치하는 것에 모든 초점을 두고 작업을 진행했다.

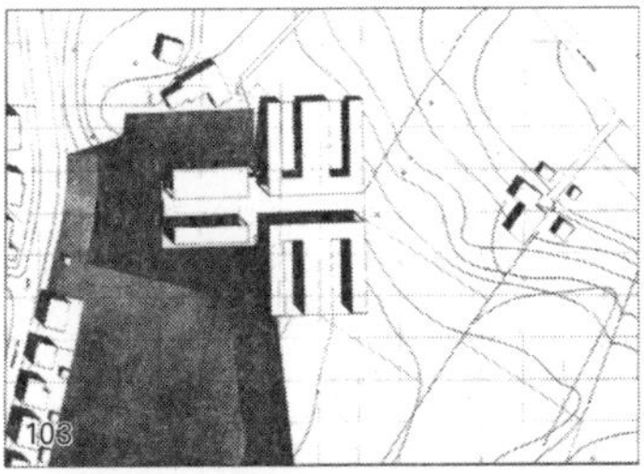

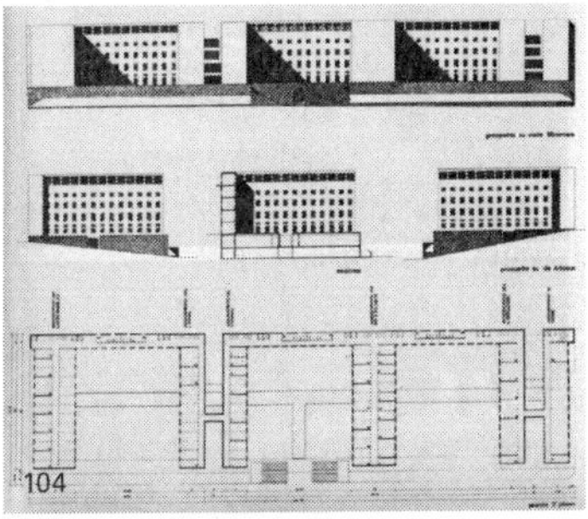

그림103, 104. 이탈리아, Chieti, 학생기숙사 계획(1976)배치
그림105. 역사성과 합리성이 조화를 이룬 중정
그림106, 107. 트리에스테 시청사계획, 1974

108. 이탈리아, Chieti, 학생기숙사 계획(1976)

109

110

111

112

109. 네덜란드 흐로닝헨, 공공도서관계획(1995) 전경
110. 네덜란드 흐로닝헨, 공공도서관계획(1995)
111, 112. 네덜란드 흐로닝헨, 공공도서관계획(1995) 단면, 입면

그의 건축은 역사적 건축물이 많이 분포되어 있는 이탈리아의 컨텍스트 속에서 기존 도시구조 및 건축구조와 관련해서 고전적 건물과 동시에 배치될 때 끊임없이 기존의 역사와 상호소통하는 고통스러운 과정을 통해 배치되고 간략화된 건축방법론을 통해 현실건축에 참여하였다. 그의 건축은 구도자적인 자세로 점철된 것이며 역사성과 장소성에 입각한 합리적 역사적 연속성속에 현재를 위치시키는 방법론을 고집하였다.

로저스Rogers는 유형을 통해 건축지식이 생성되고 전파될 수 있는 계기가 생기게 되고 무언가 통일된 유형을 알 수 있게 된다고 생각했다. 그는 건축유형은 사회와 자연이 변증법적으로 상호작용하여 생성된 것이라고 보았다.

무라토리 학파는 도시의 도구적 역사를 발전시켰으며, 도시의 역사를 체계적으로 분석하면 도시성장 및 도시조직에 대한 도시형태의 유형학적 요소를 얻을 수 있다고 생각했다. 여기서, 도구적 학문이라 주장하는 것은 건축의 형태생성 발전을 위한 도구로 사용할 수 있어야 한다는 의미이다. 유형을 통해 기존의 지식 및 유형 연구를 통합하면 전달이 용이해진다는 것이다. 유형을 통해 총체적인 현상의 인식이 용이해진다는 장점을 또한 가지고 있다. 유형에 대한 각 특징을 구별하고, 밝히고, 기록하고 전달할 수 있도록 해준다는 점에 있다. 이것은 학문의 기본적인 특성이기도 하다. 유형의 본질적 특징은 형태, 용도, 의미 사이의 관계를 구체화한다는 점에 있다.

유형형태학은 도시의 물리적 공간적 구조의 근본구조를 밝혀내는데 그 목적이 있다.
이것은 하나의 방이 사회의 외적 변수에 반응하여 어떤 방식으로 다른 방과 연계되어 관계를 맺으면서 구축되어 나가는가와 관련이 있게 된다. 하나의 방은 하나의 주거로, 하나의 주거는 주거 군집의 도시사회로, 반대로 도시는 하나의 주거와 어떤 관계를 맺어나가면서 구축되어 나가며 그 가운데 어떠한 공통점을 가지면서 유형화되어 가는가가 주요한 관심사가 되는 것이다. 이러한 관심사는 실제로 생산자와 거주자가 이전부터 내려온 컨텍스트와 어떠한 화해와 공존의 구축방법론을 사용하는가에 대한 피드백을 통해 생산적인 변증법을 만드는가로 대변될 수 있다. 결국 이것은 도시조직이 어떻게 발생하고 기본단위가 어떻게 증식되며 도시의 공공공간의 오픈 스페이스가 그 가운데 어떻게 발생하게 되는지에 대해서 관심을 갖게 되는 것이다.

무라토리학파가 건축 유형학에 기여한 점은 도시건설의 전통적인 과정에 기초하여 도시설계이론을 정립할 수 있도록 해주었다는 점에 있다. 그들의 설계방법론은 설계행위 이전에 기존 도시구조의 형성과정에 대한 이해를 손쉽게 해주고 현대성에 맞추어 기존 조직에 어울리면서도 현대적인 라이프 스타일과 사이클을 맞추어 도시조직에 이식하고 성공적으로 기능하고 발전시킬 수 있는 방법론이 되었다는 점이 중요하다.

1권에서 논의했던 만프레도 타푸리의 건축비평을 다시 살펴보자.
'건축에 이데올로기적 의상을 입히려는 기만적 노력보다는 그것에 비효율적이며 기만적인 혁명적 의도를 주는 것에 의해 차분하고 시대를 넘어서는 지난 순수성을 말하는 용기를 지닌자의 성실함을 좋아하게 될 것이다.'
건축물을 형태상으로만 분류하거나 형태와 공간 등에 집착하여 표현하는 것에만 매진하면 기만적인 상황으로 흐르게 마련이다. 이것은 마치 가면을 쓰거나 진한 화장을 하는 것처럼 건축에 선동적인 이데올로기적 장치나 표현을 덧붙이려는 시도들이다. 그라시는 이러한 기만적 시도를 지양하고 오랜 시간동안 그 지역에서 순수한 건축적 구성으로 남아있을 수 있는 건축을 주장했고 그러한 건축을 지향했다.

신합리주의를 이끌던 당시의 조지오 그라시와 초기의 알도 로시의 건축은 만프레도 타푸리Manfredo Tafuri가 생각하는 긍정적인 건축적 모델이었다. 과학적으로 유형과 컨텍스트를 조사하고 연구해서 그 컨텍스트에 어울리는 새로운 생산양식의 순수한 건축물을 배치하는 작업, 그것이 건축가가 오랜 세월 세속적인 것을 초월하여 존속할 수 있는 용기있는 건축행위를 할 수 있는 방법이라고 본 것이다.

조지오 그라시는 고집스럽게 이러한 방식을 추구했다. 그러나 알도 로시의 경우 포스트모던 시대에 들어서서 전 세계를 대상으로 작품활동을 하면서 단순히 유형의 이미지를 구현하는 정도로 침잠하는 성향을 보이자 조지오 그라시는 알도 로시를 파문하듯이 변절자로 몰아세웠다.

그라시는 도시를 형태적이면서 동시에 논리적 구축물로 보았다. 그의 작품경향을 생각하면 논리적으로 형태적 요소와 도시구조에 따른 배치와 공간구성요소를 분석하여 오랜 기간동안 컨텍스트와 공존하며 상호작용할 수 있는 근본구조를 만들기 위함이었을 것이다. 따라서 그의 건축에는 장식을 완전히 배제했던 아돌프 로스Adolf Loos, 새로운 사회의 이상을 실현하고자 했던 힐베르자이머Hiberseimer, 미스Mies 등의 건축적 유산들을 감지할 수 있다. 그의 작품은 강한 절제의 미학이 담겨져 있다. 건축수업과 건축적 과정은 항상 그의 작품경향 만큼이나 절제적인 과정을 거쳤다.

건축을 전공하는 학생들은 이러한 내용을 진심으로 깊게 생각해 보아야 한다. 도시에 있어서 건축과 도시의 패브릭과 배치는 가장 오랫동안 변화하지 않는다. 우리는 불과 4반세기 만에 마치 패션과 같이 많은 이즘ism과 이데올로기적인 선동과 선전과 같은 이미지의 건물들이 들어서고 빠르게 사라지는 모습을 지켜보았다. 오늘과 같은 시기에는 그런 측면이 더욱 강해졌다. 이런 시대에 조지오 그라시의 작업태도는 시대에 뒤떨어졌다기 보다는 오히려 곱씹어 보아야 할 자세라고 생각한다.

3021 알도 로시의 건축작업

알도 로시는 초기 이탈리아 신합리주의의 대표적 주자였다. 초기에 그는 유럽도시에 대해서 열심히 연구했다. 유럽의 많은 도시들을 직접 답사하고 연구하면서 그는 도시의 유형들을 정리하고 옛 도시들의 유형을 합리적, 과학적 방식으로 분류하였고 현대적 건축물과 어울릴 수 있도록 도시 내에 구현할 수 있는 방법론을 찾고자 했다. 그 결과로 그의 초기건축은 모든 장식을 벗어던진 깨끗한 입면의 디자인과 앞서 살펴본 그러시의 작품과 유사한 공간구성이 나오게 되었다. 그는 이러한 연구를 통해 1962년 『도시의 건축』이라는 책을 집필하여 출판했다. 이 당시, 그는 과학적, 실증적 방식으로 도시를 관찰하여 유형을 정리하고 건축공간 및 표현을 정리하여 역사적 관점에서 과학적으로 건축과 도시를 구축하고 표현할 수 있는 방식을 연구했다. 동시에 그는 표현에 있어서 정신분석학자 칼 구스타프 융의 '집단무의식'적인 사유에 영향을 받아 서구인들의 무의식 속에 건축적 원형으로 간직되어 있는 원기둥, 삼각페디먼트, 피라미드, 학교의 시계, 열주, 공장굴뚝 등과 같은 유형적 요소들을 그의 건축에 반복적인 원형의 요소로, 기억을 되살리는 요소로 자주 사용했다.

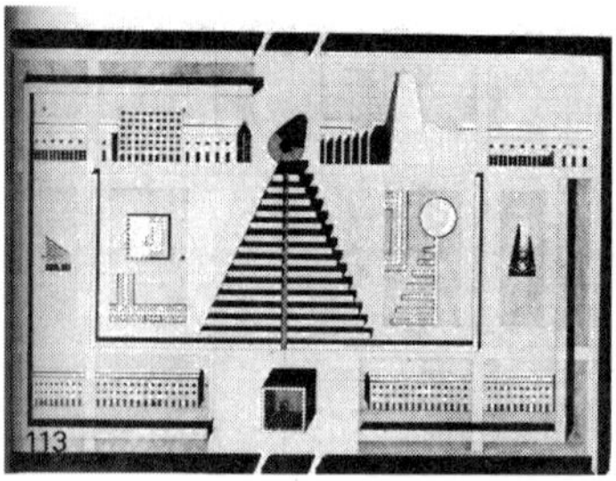

113. San Cataldo 공동묘지 배치도
114. San Cataldo 공동묘지 전경

텐덴차는 이탈리아의 역사적 도시와 건축에 관심을 가지고 이 모두를 회복하고자 시도했으며, 건축적 질서의 상대적 자율성을 강조했다. 특히, 1973년 제 15회 밀라노 트리엔날레에서 신합리주의의 대표주자였던 로시는 자신들의 건축적 성격을 합리적 건축이라는 용어로 설명했다. 과학적으로 옛 건축을 분석하고 그 내용에서 유형적인 면과 집단무의식에 해당되는 요소들을 차용했기 때문이다. 그들은 1930년대의 이탈리아 합리주의 건축과의 차이가 있음을 역설했다. 이 그룹은 이탈리아 합리주의 건축을 단순히 재생하거나 계승하는 것이 아니라, 도시에 대한 논리적인 접근과 건축 유형학을 통한 건축형태의 자율적 질서를 재구축하는 합리적 해결방법을 추구했다는 점을 분명히 했다. 따라서 이것은 단순한 합리주의적인 건축행위가 아니라 구조주의적 방식으로 분류하고 추출하여 재창조하는 과정을 강조한 것이었다. 이후 이들의 건축은 이탈리아 합리주의 근대건축과 구별하여 신합리주의라고 불리게 되었다.

따라서 로시의 초기 건축에는 과학적, 자서전적, 고전적 모더니즘의 형태를 하나의 역사적 경험으로 유형화 시키고 형상으로 읽어낼 수 있는 역사성과 과거 건축물과 현재 건축물 사이의 연속성, 도시와 건축물 사이의 연속성, 건물 외부와 내부의 연속성과 지역성, 단순성, 엄격함의 특성을 보였다.

물론, 미국을 방문한 이후 후반기의 로시는 너무 옛 기억 및 이미지에만 민감하게 반응하여 포스트모던풍의 건물로 전락했다는 비판을 받았다. 라파엘 모네오는 이러한 로시의 변화를 이미지에 몰락한 합리주의자라고 비판했다. 확실히 후기의 로시는 이미지와 함께 포스트모던 시대의 이미지를 대중적으로 소비하고자 했던 욕망에 충실했던 것으로 보인다.

로시는 도시를 총체적 집적체로 보면서 유형적인 면에서 형태를 중시했다.

바로 이점이 결정적으로 그라시와 로시의 행보를 다르게 만들었던 점이다. 포스트모던 시대에 활발하게 이미지를 차용하여 활동했던 그에게는 듀랑의 분류방식과 이성을 신봉하여 대범하게 신고전주의적 형태를 사용했던 불레, 장식의 배제를 통해 작품활동을 했던 아돌프 로스의 작품경향이 녹아들어 있다. 그의 작품에는 이런 다양한 느낌들이 은유적으로 표현되어 있다. 적어도 초기의 로시의 작품은 구조주의적 관점에서 합리적으로 옛 도시 및 건축공간의 구축을 연구하고 합리적으로 구조적 유형 및 집단무의식적인 유형을 발견하여 새로운 생산양식으로 주위 컨텍스트에 오랜 시간 어울리고 유지될 수 있는 구조주의적 관점의 건축을 지향했다. 도시-정치적, 사회적 경제적 측면에서 발생한 것이나(마르크시즘 영향) 지형학과 건축물의 축조와 함께 역사적 변형을 거치게 되어 도시와는 불가분의 관계가 되었다. 도시는 집단의 기억이 응집되어 있는 장소이다. 전체 집단의 경험으로 존재할 때만 역사는 유효하다는 헤겔적인 역사관을 보여준다. 기념물의 의의는 역사 존재성의 기억으로부터 나온 결과물이기 때문이다.

역사적인 자료인 유형의 해석적 측면을 강조하거나 도시의 대표적 단편을 찾아내어 그 의미를 건축가의 해석을 통해서 확장시켜가는 작업은 건축가의 상상과 창조성을 자유롭게 하는 장점이 있다.

유형은 오로지 아름다움에 대한 열망과 필요성에 의해 구축되는 것이며 이데올로기가 배제된 순수한 형태로 존재한다. 그렇기 때문에 유형은 건축의 기초를 구축시키는 것이며 구체적인 도시의 사실과 역사성이 배제된 상태에서 순수하게 존재하는 본질적인 형태를 유추의 과정을 통해서 추출할 수 있다고 로시는 믿었다.

이렇게 우리는 구조주의적 사유에 영향을 받아 나름의 건축철학적 사유를 펼치면서 인본주의적인 공간을 만들어나가는 네덜란드 구조주의 건축과 건축 유형학과 함께 건축적 유형과 도시적 어휘를 합리적으로 분석하여 근본 생산양식으로 주위에 오랫동안 어울리는 근본구조를 가라앉히려고 했던 텐덴차의 건축적 경향을 살펴보았다.

네덜란드 구조주의 건축을 추구하는 건축가들은 인류 공통의 구조속에서는 완전히 새로운 것은 있을 수 없고 다만 역사의 흐름속에서 이미지를 새롭게 만들어내면서 재평가하는 이미지의 집합이 있을 뿐이라는 주장을 한다. 그러나 정말 그런가? 심층 구조가 있는 것만은 위에서 살펴 본대로 사실로 받아들일 수 있지만 그러한 심층 구조만으로는 설명할 수 없는 부분도 인간세계에는 많다. 후기 구조주의post-structuralism 철학의 사유가 나온 것은 바로 이런 점에 있다. 구조주의적 사유를 받아들이지만 구조주의적structuralism 사유만으로는 설명할 수 없는 내용들을 설명하고자 하는 것이 후기 구조주의 철학이다. 또한 그러한 사유에 영향을 받은 건축을 추구하는 건축가들의 작품 경향이 있다.
건축 유형학은 지역의 풍토로부터 기인한 과거의 기억과 근본적인 특징이 녹아있는 도시, 마을, 건축의 유형들을 과학적으로 분류하고 현대성에 맞게 재조합하거나 창조적으로 재해석한 것을 구성하여 새로운 현대성을 만들어내는 것이다. 건축 유형학은 구조주의적 성향이 있으므로 이성적인 합리성에 기반하지만 과거의 기억, 감성적 측면이 들어가므로 자칫 잘못하면 로시의 경우와 같이 이미지로의 몰락으로 이어질 수도 있는 비평가의 비판을 받을 수 있다. 과거의 것을 창조적으로 재해석하여 현대성을 가미해 적절하게 시대정신을 반영하여 구축하고 표현하는 것은 가장 어려운 수준의 문제이기 때문이다. 합리적인 자세로 유형을 분류하되 창조적으로 녹여서 현대성을 가미할 때 의미가 있기 때문이다.

유형학은 유럽, 특히 이탈리아와 같이 선조의 건축적 유산이 매우 강력한 지역에서 활발하게 담론화되는 경향이 강하다. 당연한 이야기이겠지만 유형학의 목표 자체는 컨텍스트가 강한 상황에서 지역의 컨텍스트와 새롭게 계획되는 건물이 어떻게 화해하고 조화를 이루면서 공존할 수 있는가가 가장 중요한 화두이기 때문이다.

이탈리아 신합리주의 건축을 표방하는 건축가들 중에 그라시의 건축적 태도는 오늘날 자본의 속성대로 쉽게 변화하고 패션산업과 같이 변해가는 건축계의 행태를 다시금 돌아보게 하는 교훈이 되고 있다.

3022 피터 아이젠만과 존 헤이덕의 구조주의적 언어(수사학적) 실험

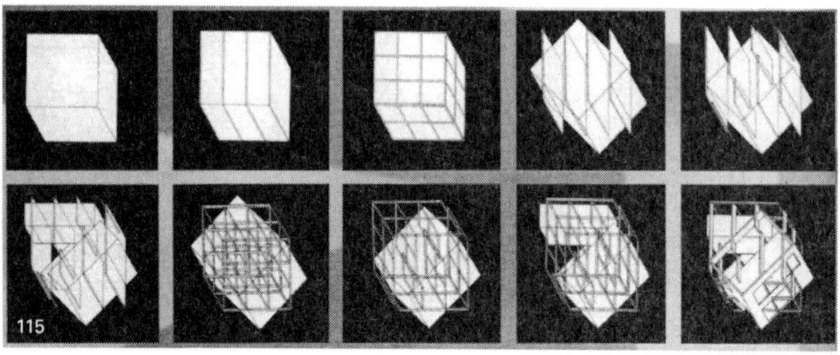

뉴욕 파이브는 1970년대 초를 기점으로 5인의 건축가들에 의해 나타난 통일된 건축운동이며 5인은 리차드 마이어Richard Meier, 피터 아이젠만Peter Eisenmann, 존 헤이덕John Hejduk, 마이클 그레이브스Michael Graves, 찰스 과스메이Charles Gwathmey 등으로 이루어졌다. 이들은 팀텐TEAM_X이나 시암CIAM 등에 대한 토의를 통해서 미국 동부에서 5년정도에 걸쳐 발전되었기 때문에 하나의 양식은 되지 못했지만 아이젠만과 헤이덕의 구문론적 실험은 구조주의적 관점의 언어실험으로서 가치가 있는 것이었다.

115. 피터 아이젠만의 수사적 건축어휘 실험, 주택

당시 그들은 합리주의적 건축관을 공유했다. 따라서 그들의 건축은 백색의 순결주의를 추구했다. 구조주의적 관점으로 모더니즘 건축을 창조적으로 재해석하는 것을 중시했다. 앞서 살펴본 바와 같이 초기의 르 꼬르뷔지에는 도시 및 건축과 같은 오브제는 자연스럽게 일상생활에서 대량으로 생산되는 산업생산물과 같은 표준생산물에 관심이 지대했다. 따라서 그는 전 세계에 당시의 모더니티의 특성에서 나타난 기술력과 표현력을 바탕으로 하여 건축분야에 표준이 될 수 있는 건축적 잠재성을 극대화하여 손쉽게 전파될 수 있는 교리를 전파하는 전도사의 역할을 수행했다. 당시의 르 꼬르뷔지에는 모더니티의 잠재성을 건축적으로 현실화시킬 수 있는 건축적 어휘를 실험한 것이었다. 마찬가지로 이 시기의 뉴욕 파이브 중 일부 건축가들은 공간과 표현면에서 네오 꼬르뷔지안Neo-Corbusian 건축으로 분류되기도 한다. 건축어휘의 실험을 추구하면서 꼬르뷔지에의 순백색의 건축을 추구했고 상업적이거나 대중적인 측면으로 흐를 수 있는 잠재성이 있었다.

그들은 대부분 건축구조의 어휘를 이루고 있는 요소들을 연구하여 구문적 실험을 통해 복합 공간의 구성을 실험했다. 특히, 피터 아이젠만과 존 헤이덕은 인류 건축공간에 공통적으로 자주 등장하는 매직나인(기본적인 3×3의 그리드 체계)에서 계단 벽, 기둥, 기능이 들어가는 각 실을 다양한 방식으로 실

116. 피터 아이젠만의 수사적 건축어휘 실험

험함으로써 건축적 어휘가 가질 수 있는 근본구조의 변형을 통해 실험을 실시했다.

아이젠만이 초기에 뉴욕 파이브New York Five의 일원으로 활동할 당시에 실험했던 주택 1에서 10까지의 실험은 3×3의 그리드 체계의 변형을 통해 건축공간이 실현할 수 있는 다양한 어휘적인 실험을 통해서 현대 건축어휘로 쓰이고 있는 구조와 건축공간에 대한 근본적인 실험을 실시했다.

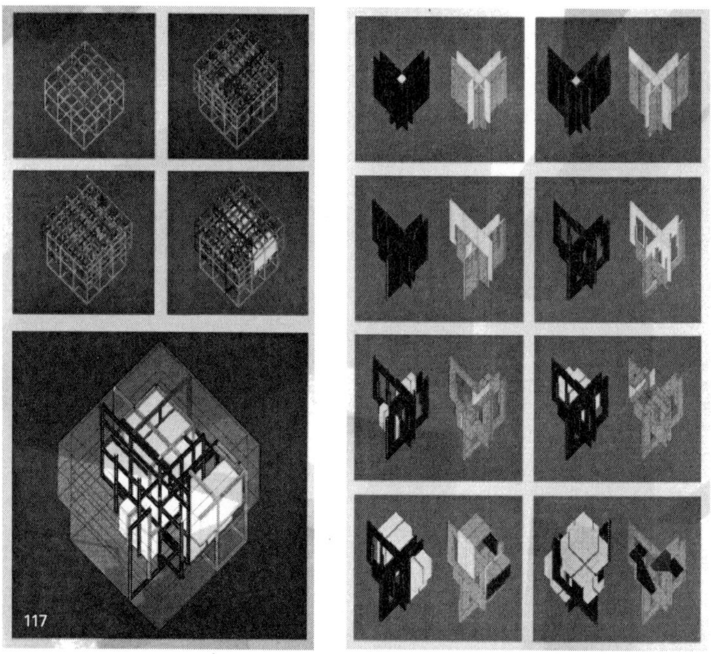

단순 3×3의 그리드 체계의 기둥과 벽, 계단 등에서 하나의 3×3의 그리드 체계가 또 다시 1m 정도의 차이를 두고 중첩되면서 벌어지는 차이나 3×3의 그

117. 피터 아이젠만의 수사적 건축어휘 실험

리드 체계가 45도 각도를 틀어서 중첩되면서 변화되는 공간과 어휘상의 변화양상에 대해서 연구했다. 그에게는 계단 등의 건축공간을 구성하는 요소들은 하나의 문법상에서의 요소로 생각되었으며 그러한 요소들을 적절하게 문법적 변형을 가해 새로운 공간을 만들어내는 실험을 할 수 있다고 생각한 것이다. 실험은 점점 다양하게 이루어져 나중에는 거실 중앙에 기둥이 박힌다던가, 기능적으로 말이 되지 않는 요소들이 거주 공간에 들어오게 된다. 심지어 계단을 전혀 이용할 수 없도록 2m 상공에서 시작하도록 배치한다던가 하는 실험이 이루어지게 된다. 비평가들은 사용자들을 전혀 고려하지 않은 건축공간으로 인해 혹평했지만 사실, 아이젠만에게 그러한 기본적인 기능은 고려사항이 아니었다. 그는 단순히 기능 자체는 어떻게 하던, 후에 충족시킬 수 있다고 생각했을 뿐이며 오로지 관심을 집중한 것은 그동안 인류가 이용할 수 있는 건축적 어휘를 기본바탕으로 한 상태에서 근본구조적인 요소들을 이용하여 기존에는 생각하지 못했던 새로운 건축공간적 실험과 구문적 실험을 진행한 것이었다.

오늘날 3×3의 그리드 체계가 각도를 달리 하며 겹쳐지면서 벌어질 수 있는 구문적인 실험은 그다지 신선해 보이지 않을 수 있다. 그러나 뉴욕파이브가 실험했던 시기에는 새로운 구문론적 실험을 최초로 시도한 것으로 공간적으로 새로움을 만들 수 있는 방법론이었다.

아이젠만의 언어실험은 앞서 살펴본 유형학적 접근방식과는 다른 작업방식이다. 초기에는 역사적 선례와는 관계없이 주로 시각적인 건축적 언어구조에 집중하고 변주하여 잠재성을 탐구했다. 그들의 실험은 차원이 다른 부분이 있으나 인류공통의 근본적 어휘, 특히 건축어휘를 중심으로 실험을 한 것과 그것이 산업적으로 응용되거나 심층 구조로서 현대건축의 유전자가 될 수 있는 부분이 있다는 점에서 충분히 구조주의적인 언어실험으로 해석할 수 있다.

아이젠만은 이후 구조주의적인 요소의 실험만으로는 드러낼 수 없는 것까지도 드러낼 수 있도록 만드는 '틈'과 '사이'를 사유했던 해체주의 Deconstructivism 철학과 욕망과 같은 구조로는 사유할 수 없는 후기 구조주의적 사유를 포함하여 구문론적인 실험을 거듭하여 오늘날 어휘적인 측면의 이론적 건축실험의 대가가 되었다. 그러한 실험에는 근본적인 건축구조를 어휘로 보고 그것을 계속해서 실험했던 구조주의적 자세가 중심에 있었음을 기억할 필요가 있다.

시사점과

PART 3

건축적용 가능성

생각해보아야 할 점

철학분야에서 구조주의와 후기 구조주의에 이르는 사고들의 전개 과정은 현대철학을 이해하는데 있어서 결정적인 역할을 하고 있다. 후기 구조주의를 이해하기 위해서는 물론 구조주의를 잘 알고 있어야 한다. 그런 의미에서 구조주의와 모더니즘을 연계하여 고려해야 하는 것이 중요하다. 구조주의와 관련된 화두를 제시하면 다음과 같다.

- 구조주의적 사고의 폐해는?
- 건축에서 구조주의적 사고와 기술적 발전과 진보는 어떤 상관성이 있는가?
- 구조주의는 변증법적 사고관의 폐해에서 벗어날 수 있는 방법론이 될 수 있는 것인가?
- 모더니즘은 구조주의인가?
- 구조주의의 문제점은 무엇인가?
- 건축계획 각론은 구조주의적인가?
- 건축분야의 구조주의는 단순히 전통적인 것으로의 회귀는 아닌가?
- 오늘날 유형학은 과연 유효한 건축적 학문분야인가?

3023 오늘날 건축 유형학은 유효한 건축적 학문분야인가?

18-19세기의 유형학은 궁극적으로 건축을 자연의 기본적인 질서를 모방한다고 생각했으며 이상적으로 연결시키는 것이었다. 그래서 원초적 오두막으로 상징되는 순수했던 그리스정신으로 되돌아가자고 외쳤던 신고전주의 양식이 다시 부활했고 고전적인 미덕인 기능, 구조, 미의 일체가 중시되었다. 이를 통해 변증법적으로 발전시키고 보완시키는 방법이 유형학의 주요 관심사가 되어 왔다.

20세 중반 이후의 유형학에서는 기존의 요소들과 함께 진보적인 요소들을 포함하여 유형적 요소들을 끌어들일 수 있는 방법론들이 우세해지기 시작했다. 우리는 유형학을 단순히 옛 형태의 기능을 분류하는 것이나 평면유형을 형태적인 분류표로 만들고 형식적인 조합을 통한 반복재생산에 만족해서는 안 될 것이다. 그것은 항상 변화하는 동시대성을 반영할 수 있어야 하며 진보의 방향성을 인식한 상태에서 변화를 주도할 수 있는 상징적인 담론으로 거듭나야 할 것이다. 그런 경우에만 유형학은 의미를 획득할 수 있을 것이다. 그러나 그 가운데에서도 모던의 근본적 의미, 언어게임에 다시 빠져들 위험성, 그랜드 내러티브, 거대담론에 빠져들 위험은 항상 존재한다. 우리는 건축작업에서 그 점에 유의해야 한다. 옛 것의 요소들을 재조합하는 수준에 머문다면 새로운 시대에 유효하지 않은 방법론으로 전락할 것이 자명하다.

3024 구조주의적 사고의 폐해는?

구조주의적인 사고의 폐해는 역시 동일성의 문제이다. 근본적 구조라고 생각하는 것이 과연 근본적인 것인가? 또는 구조주의로는 설명할 수 없는 부분을 어떻게 보아야 할지에 대해서는 구조주의만으로는 설명이 불가능하다. 이러한 점에 대해서는 이후 현상학적 계보를 잇고 있는 학문들과 후기 구조주의적 사고체계 및 건축적 재현방식에서 상당부분 해답을 찾을 수 있다.

어떤 건축가나 혹은 작가가 자신의 창작 공간을 건축하고자 생각할 때에는 될 수 있는 한 파격적인 것을 거부하고 매우 보수적으로 변하는 것이 일반적이다. 경제와 금전이 달려있는 작업에서 실험적인 것을 선호하기 보다는 안전한 것이나 검증된 것을 선호하기 쉽기 때문이다. 유형은 무언가 복잡하게 펼쳐져 있는 것에 질서를 부여하고 명료하고 단순하게 만드는 힘이 있다. 또한 유사성을 지니는 힘때문에 선조로부터 녹아들어 있는 지혜와 지식을 전파하고 기록하는데 탁월하다. 따라서 유형을 통해 손쉽게 선조로부터의 지혜의 핵심에 다가갈 수 있으며 그것을 빠르게 확대 반복, 재생산하는데 탁월한 역할을 수행할 수 있다. 그러나 새로운 현대성을 가미하는데 있어서 이전의 지식은 오히려 독이 될 수 있다. 과거의 유형은 오히려 발전의 새로운 길을 막고 동일성의 과거 순환주기로 편입시키려고 하는 강력한 유혹을 계속해서 손짓하고 있기 때문이다. 그 유혹에서 벗어나기 위해서는 끊임없이 과거와 대치하면서 투쟁해야 한다. 탈주해야 한다. 머물러 있어서는 안 된다. 그럴 때만이 유형은 의미를 획득할 수 있다. 그것은 고통스러운 과정이다. 기존의 기득권을 끊임없이 버려야 하는 과정이다. 새롭게 옛 것을 덧붙여 동시대적인 것을 재창조하는 과정이다.

3025 건축에서 구조주의적 사고와 기술적 발전과 진보는 어떤 상관성이 있는가?

르 꼬르뷔지에는 다음과 같이 언급한 바 있다. **"만약 건축에 대해서 생각할 시간이 있다면 나는 우선 현관과 창을 어디에 배치시킬 것인가?" 를 생각할 것입니다. 거기에서 두 번째 질문이 발생합니다. "왜 나는 처음부터 현관과 창을 필요로 하는 것일까?"** 돔-이노 구조에 의해 입면이 자유롭게 배치할 수 있는 여지를 만들 수 있는 시스템에 대해서 생각하기 위해서 먼저 그는 현관과 창에 대한 근본적인 기능과 그것이 정말로 있을 필요가 있는 것인지 어떤지에 대해서 생각해 보는 것이다. 구조주의적 사고에 깊숙이 빠져서 건축을 대하다 보면 습관적으로 혹은 관습적으로 기존의 구조와 사회적 관계 속에서 생겨난 심층 구조를 존중하면서 작업을 할 수밖에 없으며 그렇게 되다보면 기존의 가치에 새로운 시대성을 가미하여 새롭게 제시할 수 있는 가능성이 점차 줄어들 수밖에 없다는 것이다. 건축 디자이너에게는 항상 관습적 사고를 의심하고 계속해서 발전시켜나갈 수 있는 방안이 무엇일까에 대한 노력을 계속해야 전진할 수 있다. 건축가는 죽은 사람과도 경쟁해야 한다는 말이 있는데, 그것은 기존의 구조를 참고는 하되 타협하지 말고 끊임없이 창조적으로 재해석하여 구조를 깨거나 변형시키거나 때때로 격퇴시켜 새로운 동시대성을 구현해야 한다는 의미이다.

3026 구조주의는 변증법적 사고관의 폐해에서 벗어날 수 있을까?

앤소니 비들러는 『제 3의 유형학』에서 다음과 같이 언급하고 있다.

'로지에의 원시 오두막과 밴덤의 판옵티콘Panopticon은 근대의 여명기에 각각 이 두 유형학의 패러다임으로서 확립되었다. 이 두 유형학은 모두 합리적인 과학과 뒤이어 그 시대의 가장 진보적인 형태들을 구체화하는 기술적인 생산 그리고 건축의 사명이 물질적인 진보를 위한 대리자로서 그 형태들을 적합하게 만들고 나아가 통제하는 것이라는 사실에 대한 믿음을 확고하게 견지하고 있었다.'[9]

이 글의 내용은 달리 말하면 근대의 이성의 신봉과 함께 이성의 폭력성을 나타내는 문장이라고 할 것이다. 로지에의 원시 오두막은 집의 원형이 되는 유형을 나타냄과 동시에 페디먼트를 연상시키는 고대 그리스 신전의 순수한 원형의 집을 통해 그리스 시대의 이성과 인문의 힘을 중시한 대중의 시대를 열어가자는 의지를 담고 있다. 또한 이것은 이후의 이성의 신봉에 대한 상징이기도 했다. 다른 한편으로 당시에 최초로 출현했던 밴덤의 판옵티콘은 이상적인 감시공간의 원형이 된다. 이 감옥은 원형의 중심공간에 감시자가 한눈에 360도를 돌면서 하나하나 수감자를 감시할 수 있는 타워가 설치되어

9) 마이클 헤이즈 편, 1968년 이후의 건축이론, spacetime, 2003, p386

있어서 수감자들은 감시자가 보고 있는지 알 수 없는 시선의 완전한 불균형을 경험하게 된다. 수감자들은 감시자가 보고 있지 않아도 이러한 불균형으로 인해 감시자가 24시간 내내 감시하고 있다고 가정하는 수밖에 없다. 판옵티콘은 근대감옥구조의 효시가 되었다. 자유를 중시한 이성의 시대에 인간의 자유를 억압하고 권력화하는 다양한 근대적 시설이 개발되었다는 것은 그 만큼 이성의 시대의 양면적 특성이 존재하기 때문으로 보아야 할 것이다. 이후 과학의 발달과 시스템의 발달 모더니티의 발달은 다른 말로 하자면 통제의 발달, 감시의 발달로 이야기 할 수 있다. 이것은 변증법적 이성적 사고가 한편으로는 이성의 폐해를 만들어내는 공간의 발전의 결과를 낳았다고 할 수 있을 것이다.

구조가 욕망의 바다인 카오스에 떠 있고 인류의 혁신전 발전에 의해 그 구조가 파괴되고 나면 새롭게 보완된 구조가 출현하게 된다.

3027 모더니즘은 구조주의인가?

그렇다면 모더니즘은 구조주의라고 할 수 있을까? 모더니즘 = 구조주의 라는 가정이 정확히 일치하는 것은 아니다. '구조주의 = 합리주의' 라고는 말할 수 있다. 또한 '구조주의 = 법칙성' , '구조주의 = 객관적 구조' 라고도 이야기 할 수 있다. 왜냐하면 건축에 있어서 모더니즘은 양식상에서는 과거와 단절하면서 국제주의 양식과 같이 새로운 기술과 사회변화에 따른 전세계 공통으로 적용될 수 있는 기본적이고 근본적인 구조와 유형이 되었다는 점에서는 구조주의와 상통하는 면이 있다고 말할 수 있기 때문이다. 그러나 이렇게 건축의 근본적 어휘체계 자체가 인류공통으로 예전부터 존재했던 것은 아니었다.
기술의 발전에 따른 기본구조에 대한 변화의 여지가 존재하므로 모더니즘은 일정부분 구조주의적 요소가 존재한다. 건축에서는 특이하게도 근본적 구조가 안정적이지 않은 특성이 있다. 만약 모던 초기의 시대에 지금 건축표현, 재료, 기술, 설비, 구조기술 등이 비약적으로 발전하여 새로운 해결방안이 등장하여 전 세계적으로 건축적 환경이 급격하게 혁신되고 새로운 건축어휘체계가 보편화되어 전 세계적으로 근본적인 구조가 된다고 가정해보자. 기술이 진보하면 새롭게 소프트한 부분에 있어서도 영향을 받게 마련이므로 미래에 국제주의 5원칙의 양상도 변화할 수 있는 가능성이 있다. 만약 그러한 가능성 내지는 건축 외적 요소에서 혁명적인 변화가 생겨난다면 건축을 구성하는 근본적 구조도 상당정도 변화될 수 있는 가능성을 항상 내포하고 있다고 할 수 있다. 정신분석학 분야는 어떠할까? 변화하는 부분이 어느 정도 생기겠지만 변화의 폭은 상대적으로 적을 것이다. 정신을 이루고 있는 부분은 근본적인 인류의 공통분모가 있기 마련이고 쉽게 변화될 수 있는 것이 아니기 때문이다. 그런 면에서 모더니즘은 구조주의와 일치한다고는 말할 수 없을 것이다. 다만, 앞서 이야기 한대로 모더니즘의 국제주의 양식 5원칙이나 미스의 프로토타입의 무한증식에 따른 근본구조 고찰 등이 구조주의적 사고와 일맥상통하는 면이 있다는 점을 고려해야 할 것이다.

3028 구조주의의 문제점 인식과 극복방안

'구조주의의 지나친 객관성, 역사의 초월성, 머물러있음을 어떻게 극복할 수 있을까?' 는 구조주의자들에게는 중요한 극복과제이다. 인간의 주체성을 다시 복원하는 것이 하나의 해결방법이 될 수 있다. 그러나 이것은 자칫 현상학적 주관주의로 빠질 수도 있는 위험성을 내포하고 있기도 하다. 구조는 자칫하면 물신화되기 쉽다. 모더니티와 모더니즘에 나타나는 물신화, 도구적 이성 등은 이성의 최정점에서 보았던 다양한 폐해에 대한 반증이다. 우선 자체 내의 결함을 극복할 수 있는 다양한 움직임이 같이 있어야만 한다. 심층 구조속의 동형성, 닮은 꼴임을 입증해야 한다. 그 심층 구조속에 사회구조와 인간의 정신구조가 연계되어 있으며 서로 유사성을 지니고 있다. 이렇게 구조주의 사유는 양자를 매개하는 연결고리가 존재하게 마련이다. 구조주의의 단점 혹은 한계는 유사성을 만들어내는 구조 외적인 것과 심리적인 것을 어떻게 설명할 수 있을 것인가인데 그것은 해체적, 후기 구조주의적 관점으로 설명가능하다고 할 수 있다.

3029 건축계획 각론은 구조주의적인가?

마찬가지 시선으로 건축계획 각론 책을 살펴보도록 하자. 우리가 클라이언트에게 건축설계를 의뢰받으면 일단 그 건물이 요구하는 기능이 무엇인가가 작업의 가장 근본적인 출발점이 된다. 병원을 설계한다고 가정해보면 제일 먼저 찾는 것이 건축계획 각론 책과 병원과 관련된 사례집일 것이다. 병원에서 필요한 기능을 섭렵하고 기존 병원의 사례들을 찾아 병원의 특성에 맞추어 필요한 기능적 공간에 대해서 공부하고 클라이언트의 특별주문에 해당되는 내용과 건축가로서의 아이덴티티를 살릴 수 있는 요소들을 첨가하여 작품을 만드는 것이 일반적으로 작품을 풀어나가는 프로세스이다. 이전의 선례로부터 새로운 작업이 시작되는 것이다. 건축계획 각론은 전 세계 어디서나 참고하고 적용할 수 있도록 각 시설별로 근본구조가 될 수 있는 부분에 대해서 소개하고 있다. 각론 책에는 다음과 같은 부분을 포함한다.

- 기능의 가장 경제적인 공간조직의 제시
- 전세계 어디서나 적용될 수 있는 최적의 기능적 프로토타입 제시

건축계획각론 에 나와 있는데로만 계획한다면, 공간 및 구축방식의 측면에서 세계 어느 곳에 삽입된다고 하더라도 그 기능을 수행하는데 있어서는 별 문제가 없으며, 공간을 경제적으로 사용하면서(적은 면적으로 기능을 충실히 수행하면서) 병원에서 업무를 맡고 있는 인원들이 별불편 없이 직능을 수행할 수 있게 되어 있다. 특수한 상황이 존재한다면, 이것을 기본으로 하여

능동적으로 필요부분을 대처하면 된다. 현 시대의 병원시스템에서 각국에 이식이 가능한 기본형을 제시하고 있는 것이다. 이른바 병원건축기능에 관한 한 근본적 구조를 제시하는 것이며 가장 경제적인 구조를 제시하는 것이다. 자본사회 하에서는 경제적인 가치가 가장 중요한 문제 중 으뜸이기 때문일 것이다. 이런 식으로 보면 건축계획 각론 책은 건축기능부분에 있어서 언어학으로 비교했을 때 건축물을 계획하는 하나의 문법책이라고 말할 수 있다. 그러나 전술한 바와 같이 건축에는 옛 요소들과 함께 항상 진보와 발전의 영역이 함께 공존하고 있다. 건축계획 각론이 구조주의적이라고 한다면 그 구조는 변하지 않는 것이어야 한다. 그러나 건축계획 각론 책은 시대의 변화와 사회의 변화에 따라 민감하게 바뀔 수밖에 없는 책이다. 다시 말해 시대의 변화, 생산양식의 변화, 소비문화의 변동에 따른 기능들이 변화한다는 의미이다. 시대의 진보상황에 맞는 그 시대의 근본적인 구조는 어느 정도는 변화하게 마련이다.

대표적인 시설이 도서관이 전자정보 도서관, 미디어센터 등으로 변화하는 경우이다. 예전의 도서관은 각론적으로 보았을 때 다른 시설보다도 더 엄격하게 기능을 요하는 시설이었다. 책의 수장을 기능적으로 수행해야 하는 필요성에 의해 기둥간의 간격을 설정하여 가장 엄격한 모듈이 적용되는 건축분야였다. 다시 말해 최소 공간 내에 많은 책을 수장하고 찾아볼 수 있도록 가장 경제적인 공간구성을 요구하기 때문이다. 그러나 도서관이 멀티미디어화 되면서 책의 정보와 전자도서관 및 멀티미디어 환경은 급격하게 변화되었다. 책의 수장공간 사이즈는 획기적으로 줄어들고 멀티미디어에 해당되는 실내 공간요소들이 상대적으로 더욱 중요해졌다. 현재도 그렇고 미래에는 동사무소라는 계획각론 공간은 점차 축소될 것이며 시청이나 구청의 역할과 기능도 주민 편의시설들로 복합화되면서 대폭적으로 바뀌는 추세이다. 이에 따라 기존에 없었던 각론, 혹은 주목받지 못했던 시설들이 부상하기도 하고 각광받던 시설들이 추락하기도 한다. 이와 같이 건축시설은 계획

각론의 구조주의적 사고와 연결되면서도 한편으로 진보와 발전, 변화에 따라 민감하게 변화될 수밖에 없는 속성이 존재한다. 따라서 건축계획각론이 구조주의적이라는 말은 완전하게 일치하지는 않는다.
하지만, 계획하는 동안 쉽게 할 수 있는 실수가 건축계획각론 책의 내용이 무조건 맞다고 생각하고 카피하는 것이다. 앞서 말한대로 건축 계획각론이 항상 옳거나 영구적인 것은 아니다. 시대의 변화와 기능의 요구에 따라 변화시키고 더 창조적으로 좋게 만드는 것은 여러분의 몫이다.
건축각론책은 기존 사회를 이루고 있는 건축구조 및 도시구조를 다루는 책이다. 그러나 그 구조는 고정되어 있지 않다. 거대하게 넘실거리는 카오스 바다 위에 둥둥 떠있는 구조일 뿐이다. 그 구조는 사회의 변혁이나 중요한 변화로 말미암아 변형되거나 아예 새롭게 구축될 수 있다. 우리 건축가들은 새로움과 혁신으로 세계를 주도할 수 있는 저항정신 및 시장 개척자가 될 수 있어야겠다.

결론적으로 구조주의는 합리적 이성이 근간을 두고 분석하는 철학사유의 흐름이다. 그러나 이 사유체계는 이성의 도구화를 넘어설 수 있는 사유이다. 인류 공통의 근본적인 부분과 감성적인 유형, 기억 등이 공존하는 구조주의는 상당 부분 이성의 도구화를 극복할 수 있는 요소들을 가지고 있는 사유체계이다. 인류의 발전의 방향성보다는 인간공통의 근본적 구조에 관심을 가지고 있는 것 자체가 새로운 시도이다. 진보적 자세보다는 인간본성 심층 구조에 관심을 지님으로써 보수적인 측면을 가지고 있기는 하지만 현상학과 더불어 구조주의는 대안적 사유체계라고 할 수 있다.
건축에서는 네덜란드 구조주의의 인본주의적인 시도들이 국제주의 건축의 오만하고 폭력적인 부분을 극복할 수 있는 시도였으며 오늘날 우리가 잊고 있는 인본주의적 건축적 가치를 회복하자는 반성을 불러일으키고 있다. 유형은 과학적으로 연구하고 새로운 유형과 새로운 현대성을 가미하는 순작용이 있으나 자칫 잘못하면 과거의 이미지나 대중취향의 세속적 이미지로 추락할 수 있는 가능성이 있다.

유형은 근본적 구조라고 볼 수 있으나 건축은 진보적인 부분과 보수적인 옛것이 공존하는 그릇이므로 유형과 각론은 긴 시간의 범위로 생각하면 언제든 변화가능한 영역이 존재한다. 이를 현대성에 맞게 창조적으로 재해석하고 현대성을 가미한 건축공간 및 표현으로 재창조하는 것은 결국 건축가의 몫으로 남게 된다. 인본주의적 감성을 지니고 역사성을 가미하여 현대적으로 재창조하는 능력을 구비하고자 하는 여러분의 도전을 기대한다.

뉴욕파이브의 기호학적인 접근방식의 실험은 건축 역시 언어적인 측면으로 바라보고 새로운 표현 및 공간의 가능성을 만들어낼 수 있는 방향성을 만들어냈다는 측면에서 중요한 평가를 받을 수 있다.

건축에서 구조주의는 건축과 도시구조가 가지고 있는 근본적인 구조를 합리적인 이성을 바탕으로 하여 연구했지만 그 대상은 과거의 역사적 양식과 인문적 감수성이 연결된 요소들과 불가분의 관계를 가질 수밖에 없었으며 따라서 포스트모던의 풍부한 언어실험과 상업적 이용으로 넘어가는 과정에서 일종의 가교적 역할을 수행했음을 부인할 수 없다. 그러나 구조주의 건축은 현상학과 마찬가지로 인류공통의 요소들을 고려하여 그 근본적 구조를 드러내고 인문화시켜 합리적으로 제시하려 했다는 점에서 매우 인본적인 시도였으며 그것이 인류의 이성의 폐해를 극복하기 위한 다른 방편이었음을 간과하면 안될 것이다.

찾아보기

3×3 그리드 체계	139
A Luchinger	99
Centraal Beheer 시청사	120
CIAM	97, 98, 138
Team X	97, 138

ㄱ

가치관	34, 43-45, 62
거대담론	30, 145
건축 유형학	14-16, 22, 54-69, 76, 124-125, 132, 135, 137, 145
경관	70, 76, 90-95
경관구조	91
계몽주의	57, 60, 124
계열화	65
고든 컬렌	91
공간사옥	107
공간 인류학	107
공동결정	109, 114, 118, 119, 121
과학	26-29, 44, 45, 55, 68, 83, 124, 133-137, 147, 148, 152
구조인류학	9, 36
국제주의 양식 5원칙	63, 88, 149
권력구조	44
규준	66
그리드 체계	41, 139-14
근대성	11, 97
기의	32-35, 38-39, 45-46, 71, 112
기표	32-35, 38-39, 45-46, 71, 112
기호학	34, 153
김수근	107
까를로 아이모니노	125
까사벨라 콘티누이타	125
껭시	22, 54, 57-59, 66-67

ㄴ

나르시즘	46, 47
나무구조	79, 80, 85, 86
네거티비즘	107
네덜란드 구조주의	14, 22, 97-102, 108-112, 123, 137, 152
네오 꼬르뷔지안 건축	139
노드	92, 94
뉴욕 파이브	138-140

ㄷ

다의성	109
대기소pool	58, 80, 86
대립성	14, 28
델프트 공대	98, 111
도구적 합리성	97
도둑맞은 편지	48
도시공간 디자인론	72
도시구조	38-40, 63, 68, 69, 80-81, 90-93, 131-133, 152-153
도시의 건축	124, 134
도시의 이미지	22, 90-92
동일 계열화	27
동일성	46-47, 63, 82, 145-146
뒤르켐	20
듀랑	22, 57-60, 69, 127, 136
디스트릭트	92

ㄹ

라파엘 모네오	135
랑그	32, 34-36, 101, 102, 109, 112
랜드마크	39, 92
레온 크리에	72-75
로저스	131
롤랑 바르트	38-40

롭 크리에 72
루카Lucca 112
르 꼬르뷔지에 63, 66, 74, 139, 146
르페브르 43
리마 공공임대주택 87

ㅁ

마르크스 19
마르크스주의 15
마을공동체 121
만프레도 타푸리 132
모뉴멘트 70
모듈 121, 151
몬테소리 유치원 119
무라토리학파 22, 68, 72, 129, 132
무의식 20, 36, 47-48, 45, 51, 69, 71, 72, 134
무의식적 충동 45
미셸 푸코 10, 43-44, 49
밀라노 트리엔날레 135

ㅂ

바케마 99
발터 벤야민 39, 40
베르그송 26
변증법 26-27, 39, 45, 51, 65, 71, 72, 85, 131, 144, 147, 148
본능적 구조 20
부르탈리즘 102
분류 범주 27
불안정 46
빌트인개념built in 86
빛나는 도시계획안 74

ㅅ

사르트르 15
사적유물론 39
사회적 규약 35, 101
사회학 17, 20, 29, 79, 124
산업혁명 15, 28, 61
상징계 46-48
상징적 남근 47
상징화 24
상향식Bottom-UP 79, 86, 88
상호보완 79
성적 충동 39
소쉬르 8, 17, 18, 30-36, 45, 101
수의 미학 109
수정궁 58
순결주의 139
순열조합 79
시간의 투명화 117
시대정신 44-45, 61, 137
시트로앵 주택 64
신고전주의 57, 60-61, 67, 136, 145
신합리주의 14, 22, 68, 124-126, 133-135, 138
신화 30, 37
실재 24
실증과학 15, 25
실증주의 25, 26, 28-29, 56, 63
심층 구조 14, 18-20, 22, 28-31, 36, 37, 40, 44, 48, 62, 89, 90, 93, 101, 109, 117, 124, 137, 141, 147, 149, 152
쌍자 현상 111, 112, 118

ㅇ

아돌프 로스 133, 136
아를르Arle 112
아이덴티티 45, 58, 99, 150
알도 로시 69, 79, 125, 133, 134
알도 반 아이크 22, 93, 98-99, 103-104, 106, 109, 111, 112
암스테르담 고아원 104-106
애드가 앨런 포우 48

앤소니 비들러	147
앨런 콜쿠훈	76
어그레스트	44
어휘	18, 41, 71, 79-84, 92, 103, 117, 126, 137, 139-142, 148
언어게임	30, 36, 39, 40, 70, 72, 76, 145
언어적 게임	8, 39
언어학	15, 18, 22, 30, 32, 36, 38, 39, 51, 51, 71, 102, 112, 151
에지	92
에피스테메	43
역사적 고전주의	126
연속시각 이론	91
오더	66, 86
오브제	63, 139
오이디푸스 콤플렉스	46
원초적 오두막	57, 145
원형	63, 66, 71, 84, 100, 102, 111, 134, 147
위계	79, 83-85
유형화	50, 56, 132, 135
의미화	32-36, 38-39
이데올로기	16, 34, 35, 38, 43-45, 68, 97, 125, 132, 133, 136
이드, 자아, 초자아	19
이미지 집합	117
이미지 가능성	90
이탈리아 신합리주의	97, 124, 126, 134, 138
일자, 다자	28
입도	94

ㅈ

자서전적 접근방식	71
자크 라캉	10, 45
장場	22
재생산	56, 69, 78, 145, 146
접근성	94
정신분석학	17-19, 29, 45, 51, 134, 149
제3의 유형학	147
조지오 그라시	125, 126, 133
존 헤이덕	22, 138
지역성	59, 86, 125, 135
지층	43-45, 49, 107
집단 무의식	69-72, 91, 134

ㅊ

초집구성	94

ㅋ

카오스	49, 50, 148, 152
카테고리	60, 69
칼 구스타프 융	71, 134
커뮤니케이션	32, 79
컨텍스트	54, 57, 66, 67, 83, 124, 131, 133, 136, 138
컴퓨터 시스템 이론	84
케빈 린치	22, 54, 90-95
크리스토퍼 알렉산더	22, 54, 78-89
클로드 레비 스트로스	8, 20, 29, 36-37, 103, 112

ㅌ

텐덴차	22, 68, 124, 135, 137
토굴	111
통제	44, 147

ㅍ

파롤	32, 34-36, 101-102, 109, 112
파토스	29
판옵티콘	147, 148
패스path	92
패턴	56, 79, 80-90, 94, 101

패턴 네트워크	88
패턴 랭귀지	22, 54, 78, 82, 83, 89
패턴 시스템	84
패턴구조	80, 84, 85
패턴집합	80
포스트모더니즘	48, 55, 57, 76
포스트모던 건축	72
폭력성	27, 63, 147
푸에블로 부족	103
푸코	10, 43, 44, 49
풍토건축	62
프레임	27, 45, 56, 85
프로이트	18-20, 29, 48
프리패브화	58
피터 아이젠만	22, 138-142

ㅎ

하향식	86
헤르만 헤르츠버거	22, 98, 99, 102, 109, 112, 117
헤이그 신교회	109-110
현상학	10, 14, 15, 28, 51, 54-57, 66, 76, 97, 145, 149, 152, 153
혼성	57
후기 구조주의	15, 48, 50, 137
힐베르자이머	133

그림출처

Aldo van Eyck Works. comp. by Vincent Ligtelijn. p.14, 21, 86, 90, 91, 92, 93, 94, 95, 97, 99, 100, 110, 128, 131, 133, 168, 169

Herman Hertzberger Lesson for Students in Architecture. 010 Publishers, 2005, p.134

Herman Hertzberger Space and the Architect_Lessons in Architecture 2. 010 Publishers, p.91, 92, 126, 127, 129, 158, 159, 201, 203, 230

Kevin Lynch, image of the city MIT Press, 1962, p.132

LESSONS FOR STUDENTS IN ARCHITECTURE. by HERMAN HERTZBERGER. p.12, 14, 17, 21, 22, 29, 40, 46, 61, 64, 65, 78, 79, 96, 98, 100, 101, 103, 105, 137, 138, 153, 166, 212

Rem Koolhaas, Mutation Actar, 2004, p.13, 17

a+u, 크리스토퍼 알렉산더 1993년 8월호 특별판, p.20

a+u, 피터 아이젠만 집문사, 1988, p.143

참고문헌

국내 단행본

1. 건축, 도시 부문
마이클 헤이즈 편, 1968년 이후의 건축이론
봉일범 역, spacetime, 2003

마이크 새비지, 자본주의 도시와 근대성
김왕배 외 역, 한울, 1996

만프레도 타푸리, 건축과 유토피아
김원갑 역, 1992

손세관, 도시주거 형성의 역사
열화당, 1993

알도 로시, 도시의 건축
오경근 역, 동녘, 2006

알도 로시, 과학적 자서전
곽기표 역, 소오건축, 2006

양동근, 현대건축론
기문당, 1995

에드워드 소자, 공간과 비판사회이론
이무용 외 역, 시각과 언어, 1997

이진경, 근대적 시공간의 탄생
문학과학사, 1997

이진경, 근대적 주거공간의 탄생
소명출판, 2000

조명래, 현대사회의 도시론
한울아카데미, 2002

최병두, 근대적 공간의 한계
삼인, 2002

최윤경, 사회와 건축공간
Spacetime, 2003

케이트 네스빗, 건축이론1·2·3
최학종 역, Spacetime, 2005

케빈 린치, 도시형태론
기문당, 1986

케빈 린치, 도시환경디자인
한영호 역, 광문각, 2003

크리스토퍼 알렉산더, 건축·도시 형태론1-
도시 건축 구조, 한근배 역, 태림문화사, 2010

크리스토퍼 알렉산더, 패턴 랭귀지-
도시 건축 시공, 이용근 외 역, 인사이트, 2013

토마스 마르쿠스, 권력과 건축공간
유우상 외 역, Spacetime, 2006

페브스너, 유럽 건축사 개관
김복지 역, 태림문화사, 1993

피터 손더스, 도시와 사회이론
한울아카데미, 1997

A. Luchinger, 구조주의 건축과 도시계획
세진사, 1989

Pawley, M., 근대주거이론의 위기
최상민, 이영철 역, 성진사, 1995

Pevsner, N., 근대디자인 선구자들-
윌리엄 모리스에서 월터 그로피우스까지
정구영, 김창수 역

Pirenne, H., 중세 유럽의 도시
강일휴 역, 신서원.1997,

S. Gardiner, 건축사 개론
박강철 역, 기문당, 1988

Rapoport, A., 주거형태와 문화
이규목 역, 열화당, 1985

William J. R. Curtis, 1900년 이후의
근대건축, 강병근 역, 화영사, 1993

2. 철학, 예술 부문

레비-스트로스, 슬픈 열대
박옥줄 역, 한길사, 1998

레비-스트로스, 신화학1-날것과 익힌 것
임봉길, 한길사, 2005

로날드 칠코트, 포스트맑스주의
이경숙 전효관 역, 민맥, 1992

롤랑 바르트, 기호의 제국
김주환, 한은경 역, 정화열, 2008

롤랑 바르트, 현대의 신화, 이화여자대학교
기호학연구소 역, 동문선, 1997

롤랑 바르트, 사진론
송숙자 역, 현대미학사, 1994

미셸 푸코, 감시와 처벌
오생근 역, 나남, 2003

미셸 푸코, 광기의 역사
이규현 역, 나남, 2003

미셸 푸코, 말과 사물
이규현 역, 민음사 2012

미쉘 푸코, 지식의 고고학
이정우 역, 민음사, 1992

미쉘 푸코, 담론의 질서
이정우 역, 새길, 1993

미쉘 푸코, 광기의 역사
김부용 역, 인간사랑, 1991

미쉘 푸코, 성의 역사1·2·3
이규현 역, 나남, 1990

에리히 프롬, 자유로부터의 도피-진정한
의미의 자유와 일련의 사회현상을 심층 분석
원창화 역, 홍신문화사, 2006

이정우 사건의 철학-삶, 죽음
운명, 그린비, 2011

이정우, 사건의 철학
철학아카데미, 2002

이정우, 접힘과 펼쳐짐
철학아카데미, 2000

이진경, 근대적 시·공간의 탄생
푸른숲, 1997

이진경, 근대적 시선의 체제와 주체화
(근대성의 경계를 찾아서), 새길, 2002

자크 라캉, 욕망 이론
문예출판사, 1994

지크문트 프로이트, 꿈의 해석
김인순 역, 열린책들, 2004

지크문트 프로이트, 정신분석 강의
홍혜경, 임홍빈 역, 열린책들, 2004

테렌스 호옥스, 구조주의와 기호학
오원교 역, 신아사, 1982

캐런 프랭크, 공간의 유형학 1·2
나남, 2012

슬라보예 지젝, 코기토와 무의식
라깡정신분석연구회 역, 인간사랑, 2013

프랑수아 도스, 구조주의의 역사 1·2·3
이봉지 역, 동문선, 1998

한국헤겔학회, 헤겔과 포스트구조주의
동과서, 2004

할 포스터, 반미학
윤호병 역, 현대미학사, 1993

3. 외국단행본

Agger, Ben, Cultural Studies as Critical Theory, London: Falmer Press, 1992

Anthony Vidler, J.N.L. Durand-Recueil Et Parallele, Precis Des Lecons Princeton Architectural Pr, 1992

Andres Duany, Leon Krier, The Language of Towns & Cities: A Visual Dictionary-A Visual Guide to Urban Design, Rizzoli Intl Pubns, 2010

Best, Steven & Douglas Kellner, Postmodern Theory, London: MacMillan, 1991

Calhoun, Craig, Introduction: Habermas and the Public Sphere, Habermas and the Public Sphere, Cambridge: MIT Press, 1992

KEVIN LYNCH, The Image of the City MIT Press, 1960

Leonardo Benevolo, The History of the City MIT, 1975

Manfredo Tafuri, The Sphere and the Labyrinth translated by Pellegrino d' Acierno and Robert Connolly, MIT, 1987

Manfredo Tafuri, Theories and History of Architecture, New York, 1978

Rem Koolhaas, Mutation, Actar, 2002

4. 국내 학위논문

이영수, 건축구성형식의 변화와 특성에 관한 연구, 홍익대 박론, 1992

박항섭, 한국 현대건축의 양태와 표현특성에 관한 연구, 홍익대 박론, 1997

김원갑, 현대건축디자인에 미친 아방가르드 이론과 과학패러다임의 영향에 관한 연구, 홍익대, 박논, 1991

5. 학회 논문

강정구, 김은희, 정진원, 엔터테인먼트요소 구분을 통한 도심 엔터테인먼트상업시설의 공간구성에 관한 기초연구, 건축학회지 22권 10호(통권216호), 2006

김광현 외, 19세기 박람회의 공간구축에 관한 연구, 대한건축학회논문집, 19권 8호, (통권 178호), 2003

정철희, 포스트맑스주의와 한국사회연구 후기사회학대회 발표논문, 1996

안현정, 김성국, 네덜란드 구조주의의 건축 특성에 관한 연구, 대한건축학회, 1998년 4월

이승희, 임석재, 하버마스의 합리성으로 본 네덜란드 구조주의 건축의 소통적 특성연구 대한건축학회논문, 2007년 2월

최재필, 크리스토퍼 알렉산더의 건축설계과정 개념 변화에 관한 연구 대한건축학회 논문, 1994년 4월

현대철학과 건축이론 시리즈3
Philosophy and Architecture Series

구조주의와 건축이론

1판 1쇄 2014년 2월 10일

1판 2쇄 2021년 2월 10일

저자. 임기택(ktarchitect@pknu.ac.kr)

발행인. 김기현
발행처. 시공문화사(Spacetime)
디자인. 이문형(lmh0225@gmail.com)

등록. 1993년 3월 12일
주소. 서울시 서대문구 독립문공원길13 극동프라자 5층(120-796)
전화. 02)3147-1212, 2323
전송. 02)3147-2626

www.spacetime.co.kr, spacetime@korea.com
ISBN 978-89-5592-284-4 93540